HOW TO GROW SHINE MUSCAT

シャインマスカット栽培の手引き

～特性・管理・作業～

Yakushiji Hiroshi
薬師寺 博

Kobayashi Kazushi
小林 和司

創森社

収穫期の
成熟果房

シャインマスカットの高品質生産へ ～序に代えて～

ブドウのシャインマスカットは、国の研究機関である農研機構が育成して2006年に品種登録した黄緑系の品種です。種なしで皮ごと食べられて食味がよく、栽培性や貯蔵性などに優れているため、栽培が全国に急拡大し、消費も急増しました。

現在では、その食べやすさと美しさが多くの人々に受け入れられて、品種名は一般の消費者にも広く認知されています。特に皮ごと食べられるという長所は、販売キャッチフレーズの定番となり、ブドウ品種育成の新たな目標になっています。

毎年、高品質果実を安定生産するためには、ブドウの生理・生態の理解に基づいた栽培管理や防除が不可欠です。本書は、シャインマスカットの育成経緯、特徴、仕立て方、栽培管理、貯蔵法、主要な生理障害や病虫害など広範な分野をカバーしています。その要所に図表や写真を多用して、栽培のベテランだけでなく初心者にもわかりやすいように解説した手引書です。

私は、シャインマスカットの育成地である研究拠点で長くブドウの省力栽培や栽培生理の研究に従事し、本品種の関連したプロジェクトにもいくつか参加した経験があります。この間、新技術が次々と開発・適用されていき、シャインマスカットのポテンシャルがさらに高まることを目のあたりにしてきました。

本書が、シャインマスカットのみならず生食ブドウの栽培者、栽培の新規参入者、庭先果樹の愛好者、研究者や教育関係者にとって、さらなる高品質生産につながる有益な手引書になれば幸いです。

農研機構　薬師寺 博

満開後の花穂

シャインマスカットの高品質生産へ～序に代えて～ 1

第1章 マスカット香の傑作ブドウ 7

シャインマスカットの魅力を解く 8
- 食味による高い需要 8
- 日持ちと輸送・貯蔵性 9

ブドウの原生種、来歴と3大種群 10
- 原生種と来歴 10
- 3大種群 10

新品種として育成・登録と普及 14
- 交配・系譜 14
- 系統適応性検定試験 14
- 品種名の由来 15

品種特性と栽培動向 16
- 栽培の難易度 16
- 樹勢と耐病性 16
- 内外の栽培動向 17

次世代シャイン系の品種改良 18
- 品種改良の動向 18
- シャイン系新品種の例 18

第2章 園地の準備と植えつけ方 21

栽培地の地質と土壌酸度 22
- 土壌の種類と特徴 22
- 適正な土壌酸度に 23

園地の整備にあたって 24
- 排水対策のポイント 24
- 車両と園地の装備 24

作型と栽植計画のポイント 26
- 栽培の作型 26
- 栽植計画を立てる 26
- 植えつけ本数と栽植距離 26

苗木の選び方・求め方 28
- 苗木の選び方の基本 28
- 苗木の注文と購入方法 29
- 苗木の購入時の注意点 30

植えつけの適期と手順 31
植えつけ時期と仮伏せ 31　植えつけ場所 32
植えつけの実際 32　植えつけ後の管理 33
平棚の形態と組み立て例 34
棚の形態と資材 34　パイプ棚の組み立て 36
雨よけ栽培の効果と設置例 38
雨よけ栽培の導入と効果 38
雨よけ施設の種類と設置例 40

第3章 整枝・剪定と仕立て方の基本 41

ブドウ樹の形態と主な器官 42
ブドウの樹の特徴 42　樹枝と芽、根の組織 42
整枝・剪定の目的と仕立て 45
整枝・剪定の目的 45　仕立ての種類 45
短梢剪定と長梢剪定の特徴 47
短梢剪定の特徴 47　長梢剪定の特徴 48
短梢剪定仕立ての方法 50
短梢剪定仕立ての形 50
一文字型 50
H型整枝の年次別管理 51
WH型整枝の年次別管理 53
結果母枝の切り詰め 55
長梢剪定仕立ての方法 56
長梢剪定仕立ての形と留意点 56
結果母枝の剪定 57
X字型整枝の年次別管理 58

第4章 生育サイクルと管理・作業 61

年間生育サイクルと作業暦 62
発芽・展葉期 62　新梢伸長期 62
開花・結実期 62　果粒肥大期 63
果実成熟期 63　養分蓄積・休眠期 64
発芽・展葉期の芽かき 66
芽かきの時期と方法 66
長梢剪定樹の芽かき 66
短梢剪定樹の芽かき 67
新梢伸長期の誘引 68
誘引の目的と方法 68
長梢剪定樹の誘引 68
短梢剪定樹の誘引 69

主芽（右）と副芽

新梢の摘心と副梢処理 70
摘心の目的と方法 70
副梢と巻きひげの取り扱い 73
開花・結実期の摘房、房づくり 74
摘房の目安と方法 74　房づくりの目的 75
房づくりのポイント 76
上部支梗を使った房づくり 78
小房の花穂整形 79
ジベレリン処理の目的と方法 80
ジベレリン処理の目的 80
ジベレリンの効用 80
ジベレリン処理の方法 82
植物生長調節剤の効果と活用 83
植物生長調節剤の利用 83
フルメット液剤の処理 83
フラスター液剤の散布 85
アグレプト液剤の散布 86
果粒肥大期の着果量調整と摘粒 87
果粒の生長曲線 87　着果量の調節 88
摘粒の目的と方法 88

売り場の果房

カサかけ・袋かけの方法と効果 91
カサかけ・袋かけの効果 91
カサかけの管理 91
袋かけの管理 91
鳥獣害の発生と防止対策 93
鳥害の発生と防止対策 93
獣害の発生と防止対策 94
果実成熟期の収穫と等級区分 95
収穫時期の目安 95
収穫作業と出荷調整 96　規格と出荷基準 97
果実の貯蔵と鮮度保持 99
貯蔵の目的と鮮度保持 99
鮮度保持の方法 100　容器装着での水分補給 101
休眠期の発芽処理と結果母枝の誘引 102
発芽促進処理 102
枝の配置と結果母枝の誘引 103

第5章 土づくり・施肥と灌水管理 105

土づくりの目的と土壌改良 106
土づくりは生産の基盤 106　有機物の施用 106

有機物の種類　107
深耕の効果と実施　108
施肥設計の基本と施用方法　110
土壌分析と施肥設計　110
土壌pHと成分の働き　111
施用方法と施肥時期　113
施肥の範囲　115
水分管理と灌水のポイント　115
ブドウの吸水量と灌水　115
生育別の水分管理　116
灌水の方式と実際　119

第6章 気象災害と生理障害・病虫害　121

気象災害の発生と防止対策　122
気象災害と被害軽減　122　凍干害　122
台風（大雨・強風）　122　雹害　123
大雨（裂果）　123　大雪　124
生理障害の発生と防止対策　124
品種の長所と固有の生理障害　124
主な生理障害　124

病虫害防除にあたって　129
病虫害の発生と防除法　129
耕種的防除法　129　物理的防除法　130
化学的防除法（薬剤散布）　130
主な病害の発生と防除法　131
病害の症状と生態・防除　131
主な虫害の発生と防除法　136
虫害の症状と生態・防除　136

◆苗木入手・問い合わせ先　140
◆あとがき　141
◆ブドウ栽培に使われる主な用語解説　143

スプリンクラーによる園地散水

本書の見方・読み方

◆本書では、シャインマスカットの魅力、植えつけ方、仕立て、整枝・剪定、および生育と主な栽培管理・作業を紹介しています。また、生理障害・病虫害対策などについても解説しています。

◆栽培管理・作業は関東・山梨県、関西の生育を基準にしています。生育は地域、気候、仕立て、栽培管理法などによって違ってきます。

◆本文中の専門用語は、用語初出下の（　）内など、または巻末の「ブドウ栽培に使われる主な用語」で解説しています。年号は西暦を基本としていますが、必要に応じて和暦を併記しています。

◆本文中の植物生長調節剤などの薬剤は、2025年１月時点のもので、それぞれの説明書に記載された使用基準を守るようにしてください。

◆本書内容に関連する苗木などの主な入手・問い合わせ先として、一部を巻末で紹介しています。

収穫直後の果房

第1章

マスカット香の傑作ブドウ

シャインマスカットの収穫果房

シャインマスカットの魅力を解く

食味による高い需要

シャインマスカットは2006年に国立機関の農研機構（国立研究開発法人農業・食品産業技術総合研究機構）が育成した新品種です。

苗木販売が開始されて以降、作付面積は急激に拡大し、2022年には1778haとブドウ品種のなかで第1位となりました。ちなみに2位はデラウエアで1626ha、3位は巨峰で1603haです。

これまで、日本のブドウ生産場面ではデラウェアや巨峰、ピオーネなどの巨峰群品種が栽培の中心でしたが、マスカット香《こう》（欧州ブドウのマスカットオブアレキサンドリアに代表される上品な香り）と皮ごと食べられるこの新品種の登場は、ブドウ産業にとって画期的な出来事でした。露地栽培でのキロ単価が1000円を超え、高級果実専門店やデパートでも飛ぶように売れ、海外でも大人気。最近ではふるさと納税での人気商品となるなどシャインマスカットブームが続いています。

なお、地域研究機関の育種の方向性もこれまで大粒をねらった4倍体から、シャインマスカットを親にした皮ごと食べられる品種へと大きく舵を切りました。

市場に登場して10年余り、急速に人気が広がった理由について以下に3点挙げてみます。

特上クラスの成熟果房

果粒の横断面、縦断面

おいしくて食べやすい

糖度は18～22度程度と、ブドウのなかでは平均的なところですが、酸含量が低いので酸っぱさがなく食べやすい品種です。

また、これまでの日本の栽培品種には少ない爽やかで品位あるマスカットの香りと皮ごと食べられ、果肉が締まっていてかみ切れる食感もこれまでの日本の品種にはない高級ブドウの雰囲気を醸しています。

栽培しやすい

皮ごと食べられる欧州系のブドウは、降雨が多い日本での栽培では裂果と病害の発生が問題となり、雨よけ施設で栽培する必要がありました。

しかし、シャインマスカットは裂果が発生しにくく、べと病の発生にも巨峰と同程度に強いことから、露地でも十分に栽培が可能です。

収穫期を迎えた棚下の果房

黄緑色の品種であり着色管理の必要がないこと、小果梗が短く房形が締まり脱粒しにくいので果房の取り扱いに気を遣わずに済むこと、短梢剪定での適応性があることなど、栽培のしやすさも人気が広がった理由です。

全国栽培で認知されている

国立の研究機関で選抜された系統（品種になる前の選抜した個体）は、後述する各地域での栽培適応性を評価する系統適応性検定試験が28都道府県で行われ、栽培性や普及性などが検討されます。その結果、普及性ありと判断された系統が新品種となります。

シャインマスカットはこのような評価を経て新品種となりましたので、登録の時点で全国各地域での適応性はすでに確認済みというわけです。

また、全国の公的試験研究機関において、高品質化に向けての試験や省力化技術、貯蔵試験などが行われ、各地域での栽培マニュアルが作成されたことで、普及が一気に進んだものと思われます。

収穫したばかりの果房

日持ちと輸送・貯蔵性

先述のように国内での人気だけでなく、海外でも大人気となっています。4月に初入荷され、高値で取り引きされるハウスシャインマスカットは、国内の高級果実専門店にはわずかに出回る程度で、ほとんどが輸出に向けられています。

ブドウは比較的、長期間貯蔵が可能

な果物ですが、ブドウのなかでもシャインマスカットは巨峰やピオーネなどと比べると貯蔵性は優れ、低温で湿度を保って貯蔵することで1～3か月は鮮度を保持できます。

また、房形がぎゅっと締まり、輸送中の脱粒も少ないため、海外マーケットにおいても食味と外観を高い状態で保つことができます。

この優れた貯蔵性、輸送性から海外向け輸出、国内ではクリスマスやお歳暮向けといった新たなブドウ需要に対応した販路も拡大しています。

店頭に並べられた果房

ブドウの原生種、来歴と3大種群

原生種と来歴

ブドウの祖先は1億4000万年前の白亜紀にはすでに存在していたようです。6000万年前の第3紀の化石からは約40種類が発見されており、グリーンランドやアラスカまで分布していたそうです。

ところが、100万年前に氷河期が訪れると野生ブドウのほとんどが死滅し、氷結しなかった南ヨーロッパやアジア西部、北米東部に一部が生き残りました。これら生き残った野生ブドウが、現在の栽培品種の元となる原生種となりました（**図1－1**）。

北米フロリダのヤマブドウ

1万年前に氷河期が終わると気候がふたたび温暖となり、これらの野生ブドウの分布は北方へと広がりました。

3大種群

生き残った野生種は何万年もの間、異なった気象条件下で生育しているなかで形態的、生態的な特徴がつくりあげられてきました。

特に寒さや乾燥への抵抗性、耐病性などの特性が変化し、その結果、①欧州ブドウ（*V.vinifera.L.* 1種）、②米国ブドウ（*V.labrusca.L.* のほか約30種）、③アジア野生ブドウ（*V.amurensis*

図1−1　ヨーロッパブドウの発生と分類

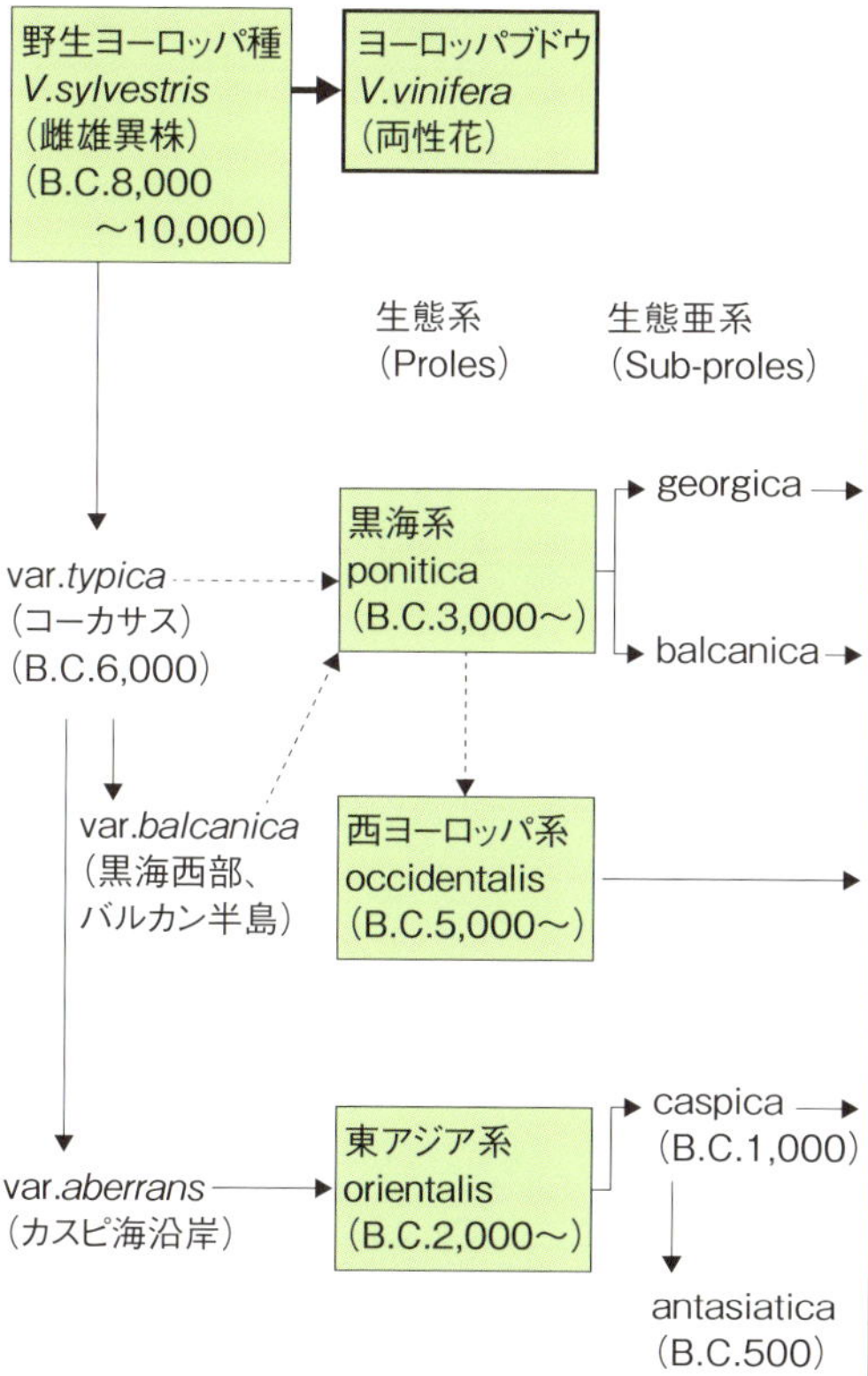

原産地	形　態	用　途	主要品種
小アジア グルジア	葉裏羊毛または絨毛果房中、果粒中〜小、白、桃、黒色	醸造	カチーチ アムラーフー
小アジア 黒海沿岸	葉裏羊毛または絨毛果房中、果粒中〜小、白、桃、黒色	醸造（一部生食、乾果）	フルミント、グロー・コールマン、ブラック・ハンブルグ、コリンス（無核）
西ヨーロッパ（フランス）	葉裏羊毛 果粒小〜中 白または黒色	醸造	ピノー、メルエロー、カベルネ、リースリング
カスピ海沿岸	葉裏無毛 果房・果粒大 白多し、桃	醸造 生食	テルバシュ、シャスラー、甲州、竜眼
中央アジア、中近東	葉裏無毛 果粒大、白多し、桃（無核あり）	生食（一部乾果）	牛奶、ロザキ、フレーム・トーケイ、トムソン、シードレス

注：①（　）内数字は推定発生時期
　②Negrul1964,コズマ1970，土屋1968をもとに作成（中川原図）

Rupr. のほか約40種）の特性の異なる3大ブドウ種群が発生しました（コズマ1948）。

ブドウの分類には多数の意見や報告がありますが、主流となっている意見を取りまとめると前述のとおりとなります。

欧州ブドウ

先に述べたように氷河期が終わり温暖となったユーラシア大陸では野生ブドウが繁茂し、全ヨーロッパへ拡大しました。野生ブドウは人類が農耕を始めたとされる約1万年前にはすでに消

欧州ブドウのマスカットオブアレキサンドリア

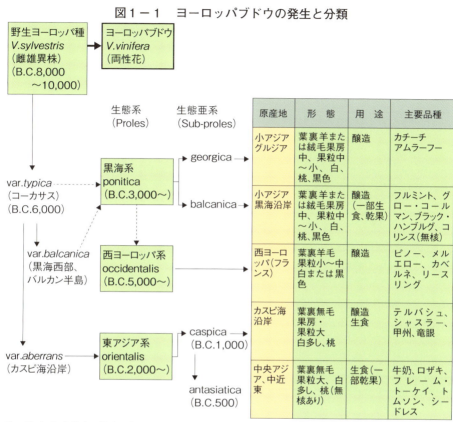

費、利用されていたようです。

新石器時代の遺跡からブドウの種子が発見されていますが、このときのブドウは雌雄異株で果粒も小さかったそうです。野生ブドウから両性花の現在の栽培種が発生したのは紀元前3000年から2000年とされ、以前の野生種に比べ果粒や果房が大きく糖度も高くなりました。

これらは *V.vinifere* 1種に属するとされ、さらに栽培と淘汰によって変わってきた形態や品質により、①黒海系、②東アジア系、③西ヨーロッパ系の三つに分類されています。

醸造用欧州ブドウの代表格とされるカベルネソービニヨン（原産フランス）

米国ブドウ

氷河期で多くの種が絶滅しましたが、北アメリカ大陸には多くの種が生き残り、現在でも多くの野生ブドウが北アメリカの東部地域、メキシコからカナダまでの河辺に自生し繁栄しています。これらの野生ブドウはアメリカの先住民族に古くから利用されており、生食のみならずワインにも利用されていたようです。

16世紀にはヨーロッパ各国から多数の移民が東海岸に到達してきました。米国ブドウの果実にはヨーロッパ人には不快とされるラブラスカ香（米国ブドウのラブラスカ種のフォクシーフレーバーといわれる特有の甘い香り）があり、また、果肉は軟らかい塊状で品質的には欧州ブドウより劣っていました。このため、そのまま米国ブドウを利用することはなく、欧州ブドウを導入し、栽培が試みられました。

米国ブドウのナイアガラ

しかし、この試みは北部では冬の低温、中南部では夏季の高温と多湿による多くの病害、フィロキセラ（ブドウネアブラムシ）という寄生虫の被害で失敗に終わりました。

ちなみに、米国ブドウは、フィロキ

生食・醸造・果汁兼用のコンコード

アジア野生のヤマブドウ

パキスタンのヤマブドウ

セラやべと病、うどんこ病などの病害虫への抵抗性や寒さや乾燥への耐性を長い年月をかけて身につけており、北米の気候に適応していました。

18世紀の後半には米国ブドウに改良を加えるため、欧州ブドウとの交雑育種が行われ多くの品種がつくられました。なかでも*V.labrusca* は果粒が大きく、このなかの純系とされるものにコンコードがあり、現在でもジュース用品種として利用されています。19世紀以降、米国ブドウの育種が本格的に行われました。

アジア東部から伝来の甲州

なお、日本の露地で栽培されているブドウのほとんどの品種は、欧州ブドウを交雑した欧米雑種であり、この*V.labrusca* の由来です。シャインマスカットにも*V.labrusca* の血が入っており、厳密には欧米雑種となります。

アジア野生ブドウ

アジア東部でもヨーロッパや北アメリカと同様に氷河期以降多くのブドウ属が生き残り、多数の野生ブドウが繁茂しています。現在、チョウセンヤマブドウやサンカクヅル、エビヅルなど約50種が認められています。

しかし、アジア野生ブドウは野生状態のままで古くから採取されていたものの、欧米のように育種、品種改良はなされないまま放置されてきました。

この理由として、アジア東部へは紀元前1世紀頃にヨーロッパからブドウが伝播され、また、アジア東部から日本に甲州種が伝来されました。これらは野生ブドウと比較して果粒も大きく品質も優れていたため、あえて小粒のアジア野生ブドウを品種改良する必要もなかったと考えられています。

新品種として育成・登録と普及

農研機構安芸津ブドウ・カキ研究拠点（東広島市）

棚下のシャインマスカット

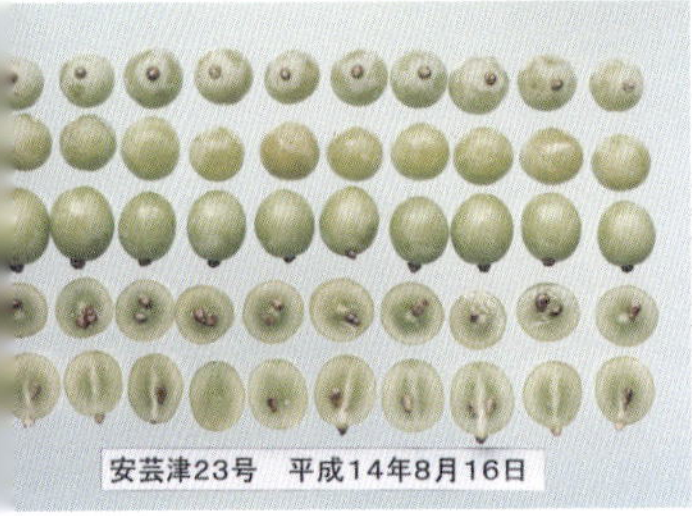

品種登録時の資料（種ありの果粒。2002 年）

交配・系譜

シャインマスカットは、農研機構果樹茶業研究部門安芸津《あきつ》ブドウ・カキ研究拠点（広島県東広島市安芸津町《ちょう》）で育成された品種です。この拠点は、もともと農林水産省が１９６８年に園芸試験場安芸津支場として開設し、長年ブドウの品種育成を進めてきた研究所です。

育成目標として、欧州系ブドウは高品質ですが、病気に弱い欠点があり、雨の多い日本では露地栽培が難しい問題がありました。一方、米国系ブドウはやや品質が劣るものの病気に強い特徴があります。

そこで、雨の多い日本で露地栽培できるよう欧州系ブドウと米国系ブドウを人工的に交配（欧米雑種）して、病気に強く、欧州ブドウのように品質も優れる品種育成が進められてきました。なかでも果粒が大きい巨峰などの４倍体（ブドウの染色体は基本数が19なので、４倍体は76になる）品種を交配して育種に取り組んできました。

４倍体の育種では、交配した種子が取れにくいことや発芽が悪く育種効率が低いことが課題でした。

また、肉質が硬くてかみ切りやすい後代《こうだい》が取れにくいこと、収量が２倍体（染色体数は38）より低いことも問題となっていました。このため、同時に２倍体の欧米雑種の育成も取り組まれました。

系統適応性検定試験

国立の研究機関で選抜された品種候補の系統は、全国のブドウ生産地がある都道府県の試験場で栽培試験され、系統適応性検定試験（略称は系適試験）と呼ばれています。新品種候補の系統は、育成地だけの判断ではなく、果実品質や生育状況、病気への強さなど栽培環境の異なる地域での地域適応

図1－2　シャインマスカットの系譜

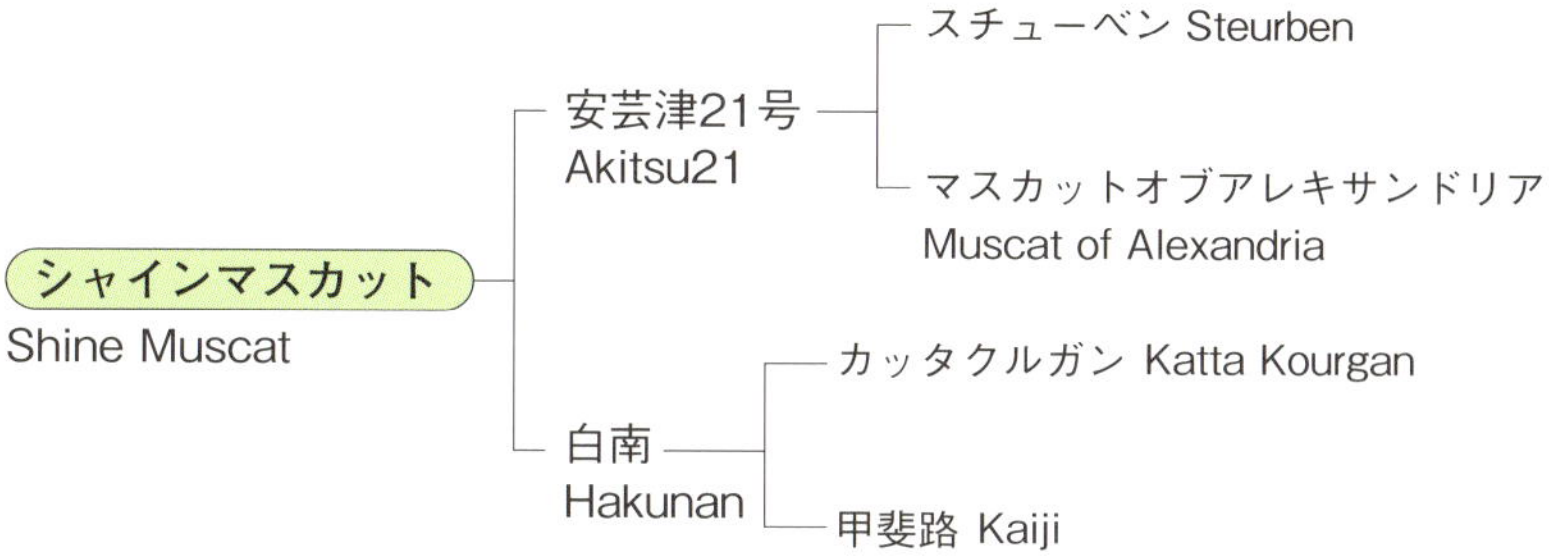

注：①倍数性は2倍体、果粒重12～16g、糖度18～22度
②1998年交配（農研機構）、2006年品種登録
③出所『シャインマスカットの栽培技術』山田昌彦編（創森社）

性を幅広く評価する必要があります。

このため、新品種候補の系統を全国の様々な都道府県の試験場で栽培して、その系統が新品種にふさわしいのか検定する試験です。全国的な試験を通じて、品種の特性や普及性がより明らかとなり、普及すべきと判断された系統が新品種に登録されていきます。

シャインマスカットの場合、先にも述べたとおり1999年から28都道府県、30か所の試験研究機関で系適試験が実施されました。地域適応性、短梢栽培の適性、種なし栽培などの解明も進み、系適試験において普及すべきと判定され、2006年に品種登録されました。

品種名の由来

シャインマスカットは、安芸津21号と白南《はくなん》の交配から選抜された品種です（**図1－2**）。

透明カサをかけた果房

安芸津21号は、スチューベン（米国ブドウ）にマスカットオブアレキサンドリア（欧州ブドウ）の交配から選抜された系統です。この系統は、果粒がやや大きく、かみ切りやすく硬い肉質を持っていますが、香りは不良でした。白南は、民間育種家の植原宣紘《のぶひろ》氏が育成した品種であり、欧州ブドウのカッタクルガンと甲斐路《かいじ》の交配から生まれました。

このように種々の欧州ブドウを交配して、果粒が大きく、硬くてかみ切りやすい肉質、マスカット香のある品種を目指した成果が、シャインマスカットになります。品種名は、農研機構から農林水産省に名称候補を数案提出し、最終的にシャインマスカットとして品種登録されました。

名称の由来は、「輝くようなマスカットブドウ」の意となります。

品種特性と栽培動向

栽培の難易度

シャインマスカットの最も大きな長所は、果皮が厚くなく、渋みがないため、皮ごと食べられる点です。

それまでも皮ごと食べられる品種はありましたが、果皮が薄いため収穫前に裂果が発生して、安定生産が難しいものでした。シャインマスカットでも裂果することはありますが、通常はほとんど裂果が発生しません。これは、生産者にとっては重要な特性となります。

シャインマスカットの摘粒後の状態

品質面では、果皮は黄緑色であるため、近年問題となっている着色不良を気にしなくて済みます。長梢栽培だけでなく短梢栽培もできて、ジベレリン処理で種なし栽培できます。1回目のジベレリン処理時にフルメット液剤を併用すると着粒が安定し、果粒も大粒になります。肉質は硬くてかみ切りやすく、糖度は高く、酸味は低く、マスカット香もあり、高品質です。

収穫後の脱粒もしにくく、果肉が硬いため日持ち性も優れています。縮果症や品種固有の生理障害もありますが、総体的に生産者には、たいへんつくりやすい品種といえます。

樹勢と耐病性

シャインマスカットは2倍体の品種であるため、その樹勢は4倍体より強いです。樹勢が強いため、新梢は強く伸長しやすい品種です。

収量は、巨峰より多く、成木で10a当たり1・5～1・8t程度が目安となります。地力の高い産地では、10a当たり2t以上を目標とするケースもあります。

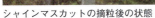

耐病性については、べと病や晩腐病《ばんぷ》の抵抗性は巨峰と同程度の強さです。しかし、黒とう病には強くないため、雨の多い地域ではビニール被覆などの雨よけ栽培が望ましいです。黒とう病以外では、特段目立って発生する病害虫はありません。

耐寒性は、巨峰と同程度でネオマスカットより強いと評価されていて、比較的強い品種に該当します。しかし、

棚下で短梢栽培された果房

収穫期の果房

新梢が伸びている若木は、耐寒性が低いため、東北地方など冬の最低気温がかなり下がる地域では、若木の主幹にわらを巻くなど、防寒対策が必要です。

冷涼な地域は、温暖な地域より成熟は遅れますが、これを活かして端境期に有利な販売ができます。西南地域では、有色品種は、夏場の高温によって果皮の着色が阻害されて着色不良となる「赤《あか》熟《う》れ」が問題となります。

一方、シャインマスカットは黄緑系の品種なので、着色不良の問題はありません。高温に特に弱いこともないため、九州でも広く栽培されています。

図１－３　シャインマスカット栽培面積の推移

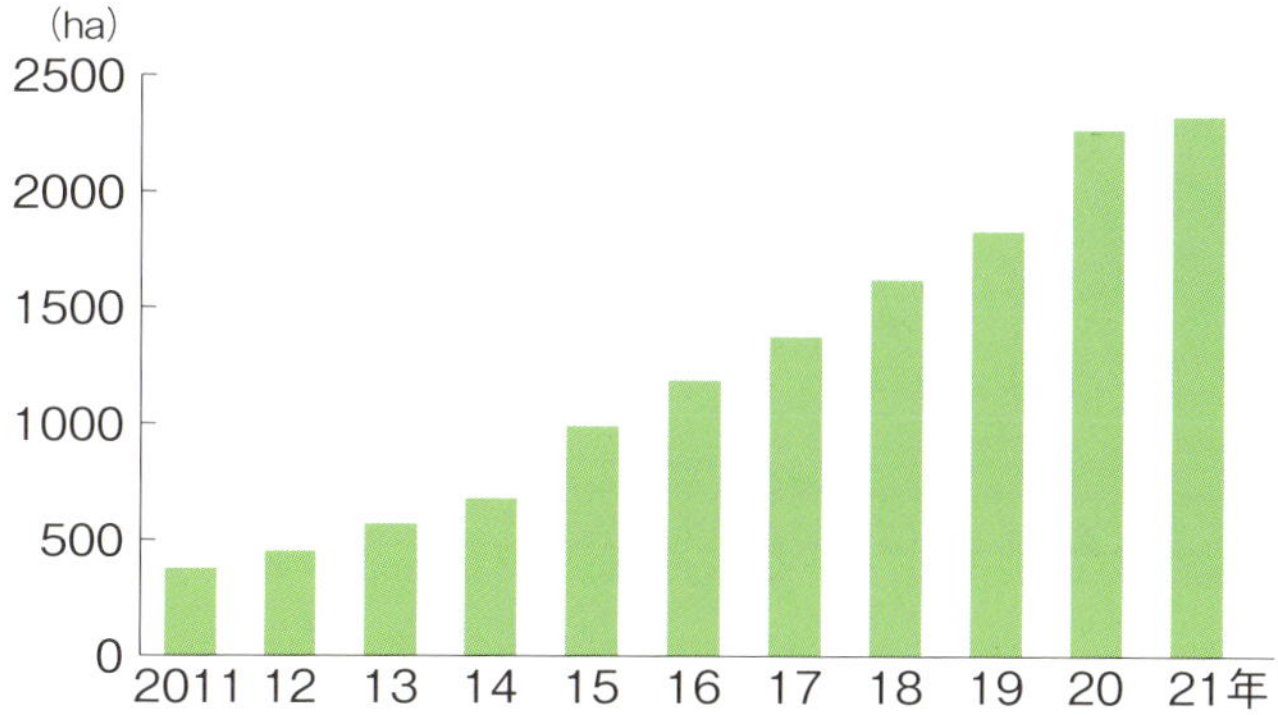

注：農水省特産果樹生産動態等調査による

防寒わら巻き

内外の栽培動向

シャインマスカットは２００６年に品種登録され、その後、苗木が全国に販売されてきました。栽培しやすいことや地域適用性も広かったことから、北は北海道、南は鹿児島県まで栽培が急速に拡大しています（**図１－３**）。

最初に述べたとおり２０２２年の品

種別の作付面積の順位は、デラウェアと巨峰を抜いて1位です。

ブドウ全体の栽培面積は1・1万haであり、全体の2割を占めます。現在の状況から今後も1位の座を持続すると予想されます。品種登録されて、わずか十数年でここまで栽培が急拡大した品種は他にはありません。

都道府県別では、1位が長野県、2位が山梨県であり、両県で全体の1割を占めています。3位は山形県、4位が岡山県、5位が福岡県になります。国際的にも広く品種名が知れ渡っています。

全国販売されてきたポット入り苗木

次世代シャイン系の品種改良

品種改良の動向

シャインマスカットのいちばんの特徴は、大粒で種なし、しかも皮が薄く上品な香りがあり、渋みがないため、皮ごと食べられることです。

消費者にとって皮をゴミとして捨てる必要がなくなりました。一般に果皮が薄い品種は収穫前に裂果しやすく、安定生産が困難でした。シャインマスカットは果皮が薄いのに、裂果することが少なく生産者にとってつくりやすいことも広く栽培されている理由の一つです。

品種改良にはいくつもの目標がありますが、シャインマスカット以降、「皮ごと食べられる」特性が育種目標に加わりました。黄緑色系の品種なので、果皮が黄緑色系のほかに赤色系あるいは黒色系のシャインマスカットを育成目標として品種改良が進められています（**表1－1**）。

サンシャインレッド

シャイン系新品種の例

ブドウは両性花であることから、農

ほほえみ

表1－1　シャインマスカットを親に持つ最近のブドウ新品種（一部）

品種名	育成者	情報提供されている特性	品種登録・商標（2024年11月現在）
ジュエルマスカット	山梨県	大粒、黄緑色、皮ごと	品種登録＊
甲斐ベリー7	山梨県	大粒、赤色、皮ごと	品種登録＊、サンシャインレッド
長果G11	長野県	赤色、マスカット香、皮ごと	品種登録＊、クイーンルージュ
神紅（しんく）	島根県	赤色、マスカット香、皮ごと	品種登録＊
スカーレット	植原葡萄研究所	赤色、皮ごと	
マスカ・サーティーン	植原葡萄研究所	黄緑色、マスカット香、皮ごと	
ヌーベルローズ	植原葡萄研究所	赤色、マスカット香、皮ごと	
マスカット・ノワール	植原葡萄研究所	紫黒色、マスカット香、皮ごと	
雄宝（ゆうほう）	志村富男	大粒、黄緑色、皮ごと	
天晴（あっぱれ）	志村富男	極大粒、黄緑色、皮ごと	
ほほえみ	志村富男	大粒、黄緑色（果粒先端が薄紅）	
バイオレットキング	志村富男	大粒、赤色、皮ごと	
マイハート	志村富男	大粒、赤色、皮ごと	
クイーンセブン	志村富男	赤紫色、皮ごと、高糖度	
コトピー	志村富男	赤色、着色容易	
富士の輝	志村富男	大粒、紫黒色、皮ごと	米国・韓国で品種登録

注：①情報提供されている特性：育成者に尋ねたり、苗木カタログに記載されたりした内容
②皮ごと：皮ごと食べられる特性を示す
③富士の輝は中国でも品種登録出願中。栽培地、気候によって完熟しても果色が赤色のままの場合がある
④＊印は、育成県内限定のオリジナル栽培

ヌーベルローズ

マスカット・ノワール

スカーレット

研機構、公設試験場、さらには民間も交えて、シャインマスカットを親にして人工交配が進められています。すで

図1−4　シャインマスカットを親に持つ新品種の果皮色

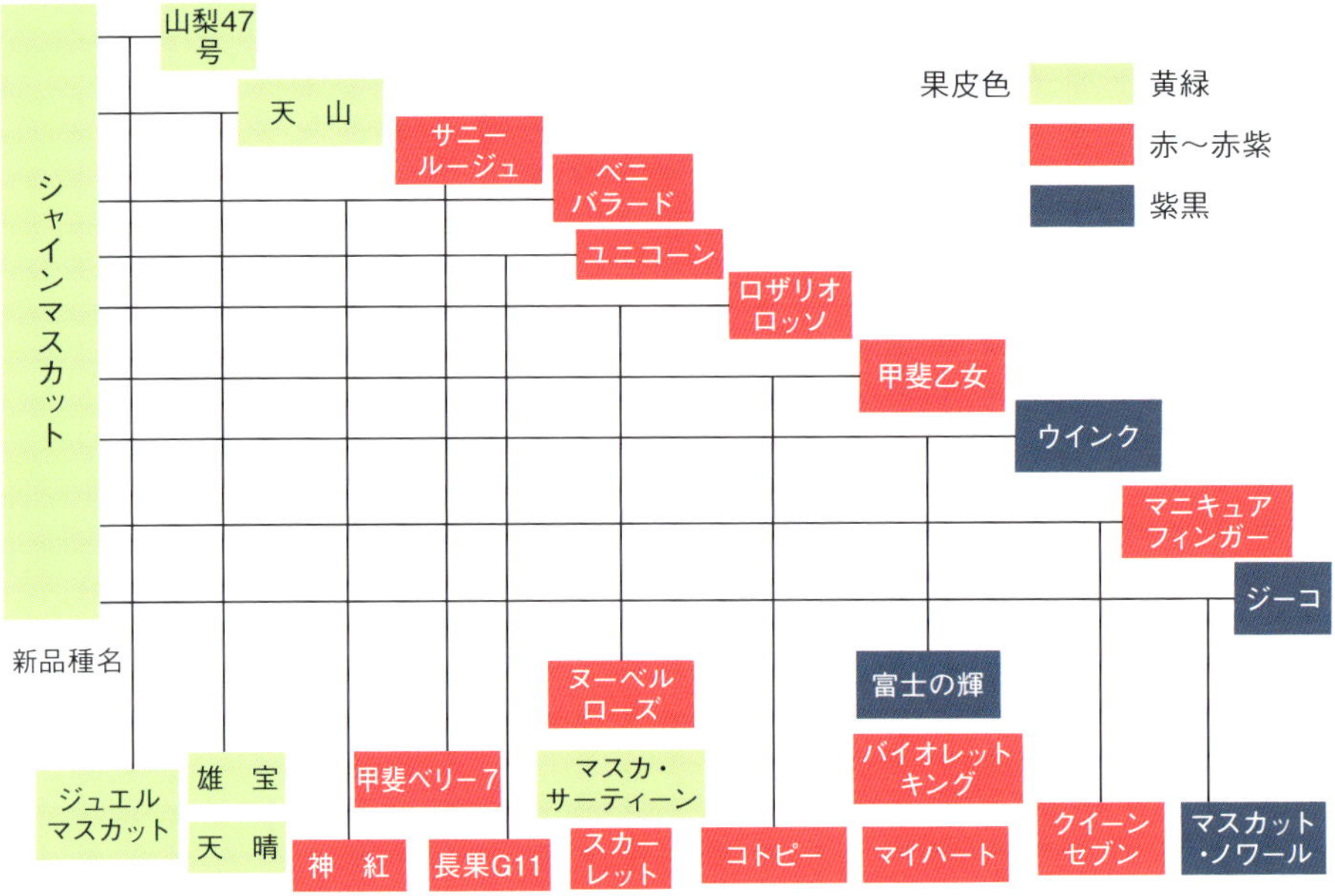

注：山田昌彦編『シャインマスカットの栽培技術』佐藤明彦作図（2020年２月現在）に一部追加

に数多くの品種が品種登録されて、苗木も販売されています。

新品種の果実特性は育成者のホームページ、苗木カタログで紹介されていますが、耐病性や生理障害などの発生については必ずしも明らかになっていません。栽培が広がることによって果実特性などがわかってくるものと思われます。

これらの特性は、大粒、果皮は黄緑色のほかに赤色、紫黒《しこく》色などがあり、皮ごと食べられる、マスカット香など、シャインマスカットの特性を意識した品種です（**図1−4**）。育成県のみ限定栽培されるオリジナル品種もあるため、苗木の入手や栽培には注意してください。

神紅

富士の輝。完熟しても果色が赤色のままの場合もある

第2章

園地の準備と植えつけ方

育成地の接ぎ木苗

栽培地の地質と土壌酸度

土壌の種類と特徴

自園の土壌の特徴を知ることが、はじめの一歩です。以下に代表的な土壌の種類を示しますので、自園の土づくりの際の参考にしていただきたいと思います（**表2－1**）。

砂質土壌

河川より運ばれた土砂などが元となりつくられた土壌で、河川周辺部に広く分布しています。土壌の粒子は粗く粘土含有量は少ないため、透水性や通気性は高く、土壌物理性は良好です。

一方、土壌に養分を保っておく力が弱いため養分が流亡しやすい特徴があります。過湿と過乾の影響を受けやすく、地下水位の高い園では滞水による根傷みも起こりやすくなります。

施肥にあたっては、すべての肥料分を基肥《もとごえ》として施用するのではなく、何回かに分けて施用します。徐々に効果が現れてくる被覆尿素などの緩効性肥料の施用も検討してよいでしょう。

樹勢はやや弱めになり、果粒は小さめで早熟になる傾向があります。地力向上と根張りを良好にするため、有機物施用を中心とした土づくりを励行するようにします。

砂質土壌

草などのマルチの園地

粘土質土壌

粘土含量が多く保肥力が強いため、肥沃な土壌です。物理性は固相率が高く孔隙が少ないため透水性や保水性が低いのが特徴です。

糖度が高い果実が生産できますが、

表2－1　土壌診断基準　（山梨県農作物施肥指導基準）

分類	土壌	pH	交換性塩基（mg ／ 100g）			可給態リン酸（mg ／ 100g）
			石灰	苦土	カリ	
欧州系	砂質土	6.5 ～ 7.5	120 ～ 350	20 ～ 40	15 ～ 30	20 ～ 60
	壌～埴壌土	6.5 ～ 7.5	250 ～ 500	30 ～ 60	25 ～ 50	20 ～ 60
	火山灰土	6.5 ～ 7.5	300 ～ 600	40 ～ 70	30 ～ 60	20 ～ 40
米国系 欧米雑種	砂質土	6.5 ～ 7.0	120 ～ 300	20 ～ 40	15 ～ 30	20 ～ 60
	壌～埴壌土	6.5 ～ 7.0	250 ～ 400	30 ～ 60	25 ～ 50	20 ～ 60
	火山灰土	6.5 ～ 7.0	300 ～ 500	40 ～ 70	30 ～ 60	20 ～ 40

土壌が硬くなると根の伸長が少なくなり、裂果や縮果症の発生が多くなる傾向があります。このため、計画的な深耕を行い、有効土層を深くする必要があります。併せて、有機物資材を施用することで土壌物理性の改善を行う必要があります。

火山灰土

火山灰の堆積によりつくられた土壌です。土壌粒子が細かく、腐植を多く含むため、褐色から黒色をしています。気相と液相の割合が多く、通気性や排水性は良好です。

土は軟らかく、土層が厚いため、根は十分に伸長します。腐植を多く含んでいるので、養分の保持能力は高いといえます。一方、リン酸の土壌への吸収力も強いため、施用したリン酸の多くが土壌に吸着されて、植物に吸収されにくくなります。

適度な樹勢を維持するため、窒素の施用量は加減するようにします。なお、樹勢が強過ぎるような園では草生栽培も検討してよいでしょう。

草生の園地

図２－１　シャインマスカットのpHの適正範囲

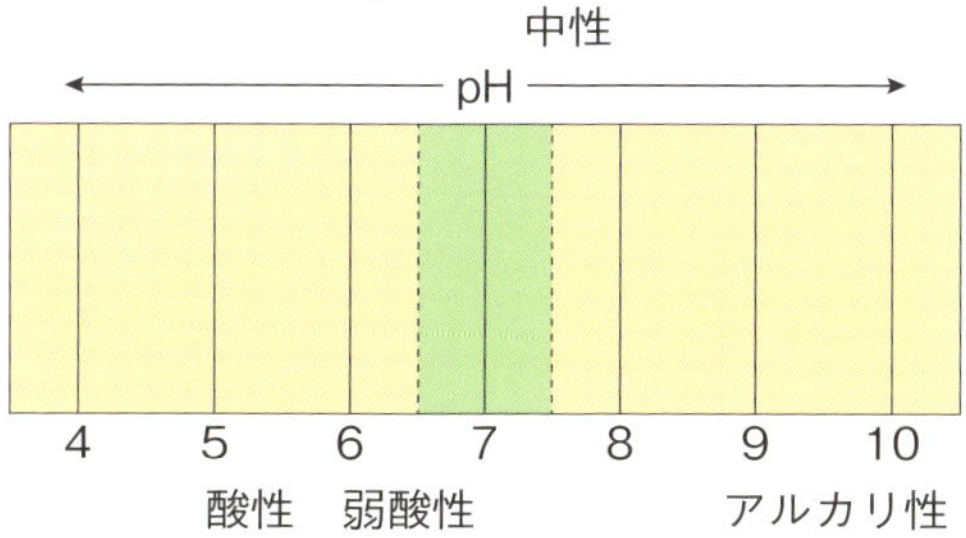

注：①pHは水素イオン濃度指数で土壌酸度を示す
②pH７が中性で、シャインマスカットはpH6.5～7.5が適正範囲

適正な土壌酸度に

土壌分析では、一般的に石灰、苦土、リン酸、カリ、pH（ペーハー、ピーエイチ　土壌酸度）の状況を調べることが可能です。どの成分についても、適正な量がバランスよく土壌中に含まれていることが重要となります。

多く施用すればするほど収量が増えるものではなく、過剰に投入してしまうと他成分の吸収阻害、過剰症など悪影響を及ぼすおそれが出てきます。分析結果を基に自園に合うよう調整し、施肥設計を行うようにしてください。

土壌酸度は土壌が酸性かアルカリ性かを示し、土壌の状態を判断するのに不可欠な指標。土壌の性質がどちらかに大きく傾くと微量要素の吸収などに影響し、生育障害の発生につながります。シャインマスカットのpHは６・５～７・５が適正範囲です（**図２－１**）。

園地の整備にあたって

排水対策のポイント

園地の排水性の良し悪しは、収量や品質を大きく左右します。一般にブドウは根が浅いといわれますが、肥沃な土では根は深くまで伸びます。

しかし、地下水位が高いと根は伸びることができず、排水が悪いと根腐れします。近年、局所的で突発的な集中豪雨（ゲリラ豪雨）が多発しているため、地表水の対策や表土の流亡防止も重要になっています。

排水不良や地下水位の高い園地では、地下の排水が必要です。地表水には明渠、地下水には暗渠で対策を立てます。

明渠

園地の周囲に沿って溝を深く掘った排水用の水路です。園内と外周に明渠を設けて、周囲からの雨水の浸入を防ぎます。

水田転換園では、明渠だけでなく、樹冠下に盛り土することも有効です。明渠で掘り上げた土や園外から土を補うとよいでしょう。

明渠排水

暗渠工事

スピードスプレーヤー

暗渠

明渠だけでは、園地全体の排水対策が難しい場合、植えつけ前に暗渠を入れます。

暗渠の間隔は10m以内とし、できれば5m間隔で設置します。深さ60cmほどの溝を掘り、そこに籾殻、川砂などを入れ、その中に竹やコルゲート管などの排水管を通し、その上を土で埋め戻します。

車両と園地の装備

ブドウの栽培管理の多くは、手作業となりますが、園地の管理はできるだけ機械化して、軽労化、省力化を進め、労災防止にも努めます。車両を効率よく使用するには、車両が通過できる列間や動線の確保が必要です。

植えつけ（定植）や改植時には、車両の導入も考慮して栽植計画を立てます。棚栽培の場合、収穫期になると枝葉や果房の重量で棚面がけっこう下がってきます。その点もふまえて棚の高さを決めたり、棚線を締めたりして、棚の高さを保持します。

スピードスプレーヤー

スピードスプレーヤー（SS）は、農薬を散布する乗用の機械です。大型のタンクと強力なファンを備えて、走行しながら農薬を広範囲に均一に散布できます。

棚園に適した製品で、園地の規模、傾斜、土質に応じて4WD（4輪駆動）や4WS（4輪操舵）など走行方式を選択します。農薬のドリフト（農薬の飛散）が起こりやすいので、風のある日や他の作物が近くにある場合は、散布に気をつけてください。

園内を運搬車が走行

草刈り機

園地の草刈り作業に使用します。一般にブドウ園は草生栽培をしますが、定期的に草刈りが必要です。草払い機もありますが、乗用モアを使うことで、省力的に草刈りできます。

最近、草刈りロボットもかなり実用的になってきています。電源がない園地でも太陽電池パネルで充電でき、傾斜が少なく平たい園地で導入すると便利です。

チッパー

運搬車

収穫物や剪定枝、肥料などを運搬するために必要です。園内で使用できる小型で、できれば動力のついた運搬車を使用するとよいでしょう。農園内の移動には、小回りが利く軽トラックが便利です。

チッパー

毎年、冬季に剪定しますが、剪定枝の処理が問題になります。ブドウの場合、ほとんどが細い結果枝です。小型のチッパーでも対応できるので、剪定枝を粉砕します。粉砕したチップに鶏糞などを加えて完熟堆肥をつくってリサイクルする方法もあります。

作型と栽植計画のポイント

栽培の作型

シャインマスカットの作型として、露地栽培、雨よけ栽培、施設栽培があります。

雨よけ栽培は、主に病害対策として利用されています。施設栽培には、無加温栽培と加温栽培（超早期加温、早期加温、普通加温）があります。

栽植計画を立てる

若木（3年生）

平面図の作成

シャインマスカットは、第3章で詳しく述べる長梢剪定仕立て、短梢剪定仕立てともに栽培できる品種です。樹勢が強くなりやすいため、ピオーネなどと比べて大きめの樹冠になります。棚仕立てが基本になります。まずは、園地の棚仕立ての平面図をつくり、支柱や暗渠などを書き込みます。

仕立てと樹形

長梢剪定仕立てでは、X字型の主枝になるので、完成時の樹冠はほぼ正方形になります。1樹当たりの1辺の長さから植えつけ本数が決まるので、それによって植えつけ場所が決まります。

短梢剪定仕立ては、主枝の形から一文字仕立て、H字仕立て、ダブルH字仕立てなどあります（次章詳述）。

シャインマスカットは2倍体であることから、その樹勢は4倍体品種よりやや強勢です。

園地の肥沃度を考慮して、どの仕立て方であれば、成木時に落ち着いた樹勢になるのか、近隣のブドウ園を参考に仕立て方を決めます。傾斜地では、主枝の先端が傾斜の上方に向くため、樹勢の維持を管理しやすいオールバック型が適しています。

樹形が決まれば、最終的な樹の広がりも予想できます。加えて、暗渠や支柱の場所、SS（スピードスプレーヤー）など作業機械の作業動線も考慮して植えつけ計画を決めます。

植えつけ本数と栽植距離

植えつける苗木の本数は、仕立て方によって大きく違ってきます。台木、園地の条件や土の肥沃度も関係しま

自然形長梢剪定

平行整枝短梢剪定

表2−3　平行整枝短梢剪定仕立ての植えつけ間隔と本数の目安

整枝法	植えつけ間隔	植えつけ本数（10a 当たり）
一文字型	16 m × 2.2 m（主枝長 8 m）（1 間）	28
H 型	14 〜 16 m × 4.4 m（主枝長 7 〜 8 m）（2 間）	14 〜 16
WH 型	12 〜 14 m × 8.8 m（主枝長 6 〜 7 m）（4 間）	8 〜 9

表2−2　長梢剪定仕立て（X字型仕立て）の植えつけ本数と栽植距離の目安

主な品種	成園時の植えつけ本数（10a 当たり）		
	浅い土層や砂地	中庸な肥沃地	土層の深い肥沃地
シャインマスカット	5 〜 6	4 〜 5	3 〜 4
巨峰・ピオーネ	6 〜 7	5 〜 6	3 〜 4
デラウェア	7 〜 8	6 〜 7	5 〜 6

植えつけ本数（10a 当たり）	1 本当たりの面積（㎡）	おおよその栽植距離（m）
10	100	10 × 10
9	111	10.5 × 10.5
8	125	11 × 11
7	143	12 × 12
6	167	13 × 13
5	200	14 × 14
4	250	16 × 16

注：①長梢剪定で一文字仕立ての場合、表の数字の 2 倍の本数が必要
②土壌によって植えつけ本数を調整する

す。やせ地では栽植距離を狭めて本数を多くし、反対に肥沃地は距離を空けて広めに植えつけます（**表2−2**）。

加温栽培する場合、樹勢が弱りやすいので無加温栽培や露地栽培より1樹が占有する面積を抑えて、多めに植えつける必要があります。

計画密植と間伐

長梢剪定仕立てでは、初期の収量を確保するため計画密植することもあります。その場合、あらかじめ永久樹と間伐樹を決めておく必要があります。

植えつけ本数は、最終的な植えつけ本数（永久樹）の1・5〜2倍が目安になります。

計画密植では、間伐樹の縮伐と間伐が遅れないように園地の整備を進めます。シャインマスカットの植えつけの目安ですが、砂地では5〜6本、中庸の肥沃地で4〜5本、土層の深い肥沃地で3〜4本です。

短梢剪定仕立ての本数、間隔

平行整枝の短梢剪定仕立てでは、基本的に主枝が南北方向になるように植えつけます（前頁の**表2－3**）。

一例として、一文字型整枝では、16×2・2m（主枝長は8m）、10a当たり28本の植えつけ本数となります。

H型整枝の植えつけ間隔は、14～16m×4・4m（主枝長は7～8m）、植えつけ本数は14～16本です。WH型整枝は12～14m×8・8m（主枝長は6～7m）、植えつけ本数は8～9本となります。

新梢長を長めにしたいときは、樹幅が広がるので植えつけ本数はその分少なくなります。植えつけの3～4年目で樹形は完成します。間伐樹なしの植えつけが望ましいのですが、成園化までに一文字型整枝を間伐樹として植えつけることもできます。

苗木の選び方・求め方

苗木の選び方の基本

ブドウは、休眠枝を挿し木すれば容易に発根するので自根苗を養成できます。しかし、ブドウにはフィロキセラ（ブドウネアブラムシ）という根に寄生して、樹を弱らせる害虫がいます。

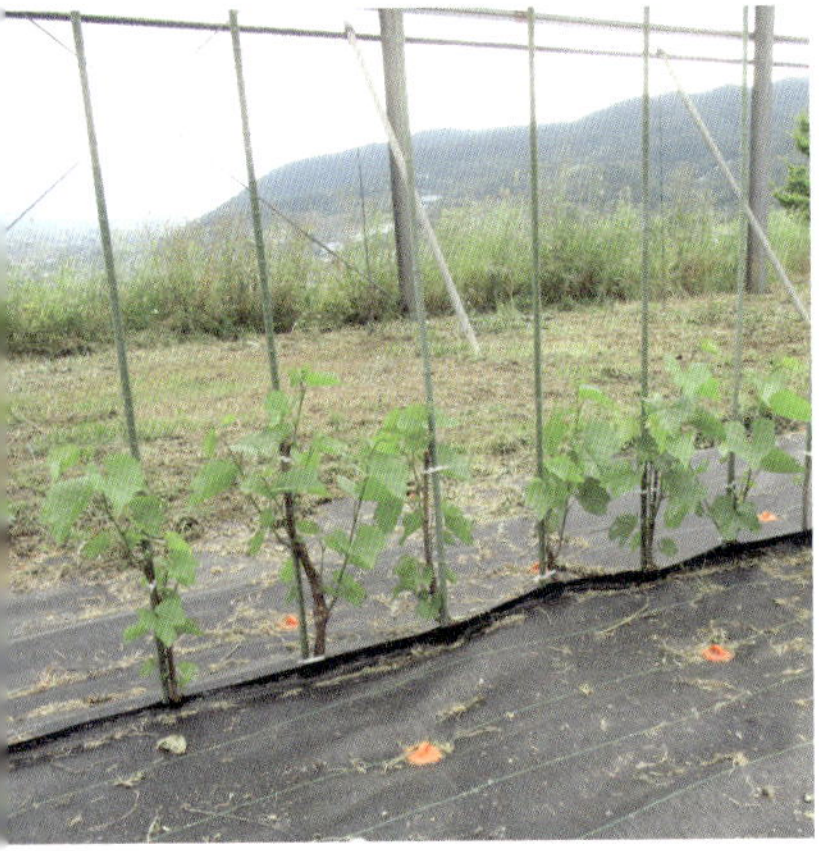

接ぎ木苗の育成

抵抗性台木の接ぎ木苗

自根苗の場合、気づかないうちにフィロキセラに寄生されることが多々あります。一度、寄生されるとその駆除は容易ではありません。対策として、フィロキセラが寄生しない抵抗性台木が育成されています。その台木に接ぎ木した苗木が販売されています。

この抵抗性台木の接ぎ木苗には、フィロキセラは寄生できないため、安心して栽培できます。このため、ブドウ苗を購入するときは、抵抗性台木の接ぎ木苗を選びます。

フィロキセラの抵抗性台木は、もともとブドウの野生種の交配から育成されていて、耐寒性、耐乾性、耐湿性、石灰抵抗性など様々な長所を持った台木があります。

樹勢を落ち着かせたいときはグロワールや101－14の矮性台木を、反対に樹勢を強くしたいときは、1202

タグなどをつけた苗木（上）とラベル表示（下）

育苗圃

台木のテレキ 5BB

台木のテレキ 5C

台木のグロワール

やセントジョージなどの強勢台木を選びます。

テレキ系台木の適応性

現在では、テレキ系のテレキ5BB、5C、8Bが広く使用されています。これらは準矮性で耐乾性や耐湿性がほどほどあり、日本の気候に合っているためです。シャインマスカットでも広く使用されています。

ブドウは定植して数十年と長きにわたって栽培します。消費者ニーズを見越した品種選びとともに品種と自園の環境に適した台木の選定が重要です。

苗木の注文と購入方法

ブドウ苗木の注文ですが、数が少ない場合は、インターネット通販、まとまった本数を注文する場合は、苗木業者に直接注文します。インターネット通販は、在庫を見ながらネット上で注文、支払いして購入できます。一般的な品種は販売していますが、限定のオリジナル品種は販売していません。

一方、果樹苗木業者の場合、質のよい苗木をまとまった本数購入できます。また、最新の品種や苗木専門店のオリジナル品種も販売しています。苗木業者のホームページやカタログを見て電話、電子メールやＦＡＸなどで早めに予約します。

ブドウ専門の苗木業者から苗木を購入する場合、品種だけでなく台木を指定して注文することもできるため、注文の際に問い合わせて確認します。

苗木の注文は、なるべく早く9～10月頃までには済ませます。遅れるとよい苗木が確保できない場合、在庫がなく購入できない場合があるためです。

苗木の購入時の注意点

接ぎ木苗木を

ホームセンターや園芸店で苗木の現物を見て購入する場合は、枝がよく充実し、節間が短く詰まり、根の量が多く細根もよく増えている苗木を選びます。自根苗ではなく、接ぎ木苗木を選びましょう（**図2－2**）。

また、枝や根にこぶや痘痕《あばた》のような痕跡があるもの、カイガラムシなどのついている苗木は避けます。

実は、品種が正しいことが最も重要です。苗木の段階ではわからないので、信頼性のある園芸店や苗木業者から購入することが大事です。

図2－2　素掘り苗とポット苗

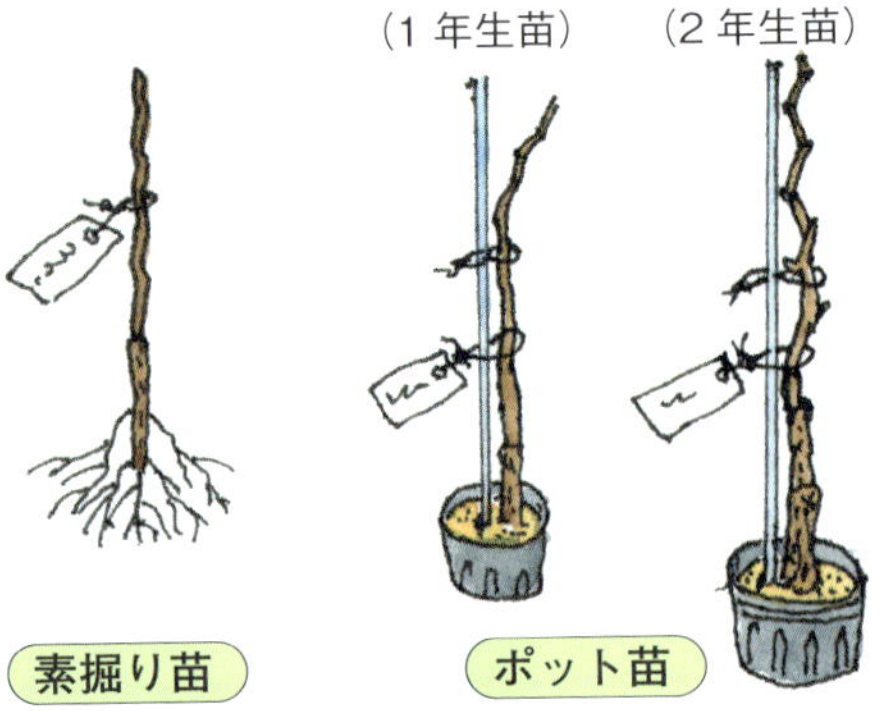

市販のポット入り苗木

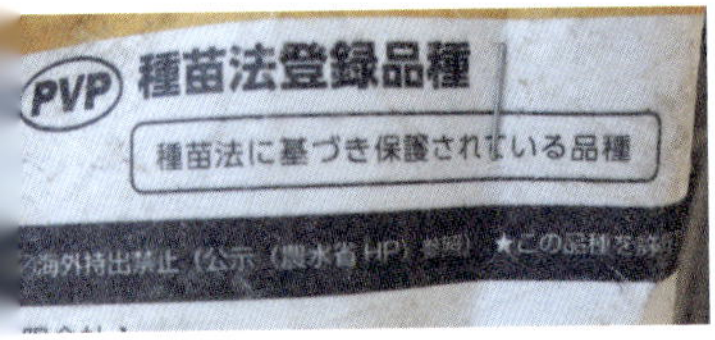

PVPの表示マーク

ラベル表示のある苗木に

シャインマスカットは育成者権が残っている品種です。2021年4月より育成者権のある植物には、販売時にPVP（Plant Variety Protection：植物品種保護）マークの表示が義務化されました。苗木購入の際には、ラベル表示がある苗木を購入しましょう。

ウイルスフリー苗木を

ブドウは、ウイルス病によって樹勢の衰弱、収量の低下、果実品質の低下など影響を受けます。このため、ウイルスフリー苗も販売されています。苗木の証紙にウイルスフリー（VF）と記載されていれば、ウイルスフリー苗です。

ブドウ専門の苗木業者は、ウイルスフリー苗木も販売しています。それら苗木業者のホームページを閲覧したり、カタログを取り寄せたりして、品種の特徴、台木の種類、ウイルスフリーかどうかなどじっくり下調べして苗木を購入します。

植えつけの適期と手順

植えつけ時期と仮伏せ

秋植えと春植え

ブドウ苗木の植えつけ時期には、11〜12月の秋植えと3〜4月の春植えがあります。秋植えの場合、根が早めに土になじむため初期の生育がよくなります。

西日本など冬がそれほど寒くない地域は秋植えにしてもよいのですが、冬の厳しい地域では凍害の危険があるため、春植えが安全です。

仮伏せ

仮伏せの実際

苗木が秋に届いた場合、春植えまで仮伏せ（仮植え）して苗木を保管します。仮伏せの前に、苗木のラベルや証書（PVP）を外し、耐久性の高い園芸用ラベルに取り替えます。苗木の根を一晩くらい水に漬けて十分吸水させます。

日陰になって凍結するような場所は避けて、水はけがよく、土も乾燥し過ぎず、日当たりのよい場所を選びます。また、根にカビなどの病気がかからないようになるべく有機質の少ない場所が適しています。

仮伏せの深さは、30㎝程度で根が完全に埋設できるよう長めの穴を掘ります。苗木が束で届いた場合、束のまま仮伏せすると根の間に隙間ができて、根が乾燥することがあります。必ず束をほどいて1本ずつ斜めに並べます。根の全体が埋まるように土をかけ、その後根に土がしっかりなじむようたっぷり灌水します。

わらやこもなどで覆って、防寒と土の乾燥に備えます。長期間、雨が降らず土が乾いたときは、適宜水やりをしてください。

仮植え

植えつけ場所

基本的には、日当たりがよく、水はけがよい場所に植えます。植える場所によって、排水対策や植え穴の準備は違ってきます。庭植えの場合、地上部だけでなく地下部もそれなりに大きくなるため、ある程度のスペースが必要です。ブドウはつる性なので枝は比較的自由に配置できますが、建物の基礎や壁に近い場所には植えないようにします。

植えつけ場所が、既存の畑や水田転換畑の場合、排水に留意します。水はけが悪いときは、硬盤の破砕、明渠や暗渠などで排水対策をします。新たに開墾した園地では、土壌診断も重要です。改善が必要な場合は、土壌改良剤や堆肥などを施用します。

園地に植えつける場合、棚栽培が基本となるため、平面図を用意して植えつけ場所を計画します。短梢仕立ての場合、主枝の方向は南北方向に植えます。樹の仕立て方や地力によって樹冠の広がりは違ってきます。さらに、作業動線や作業機械の通路なども考慮して、植えつけ場所と本数を決めていきます。

植えつけの実際

図2−3　根の処理

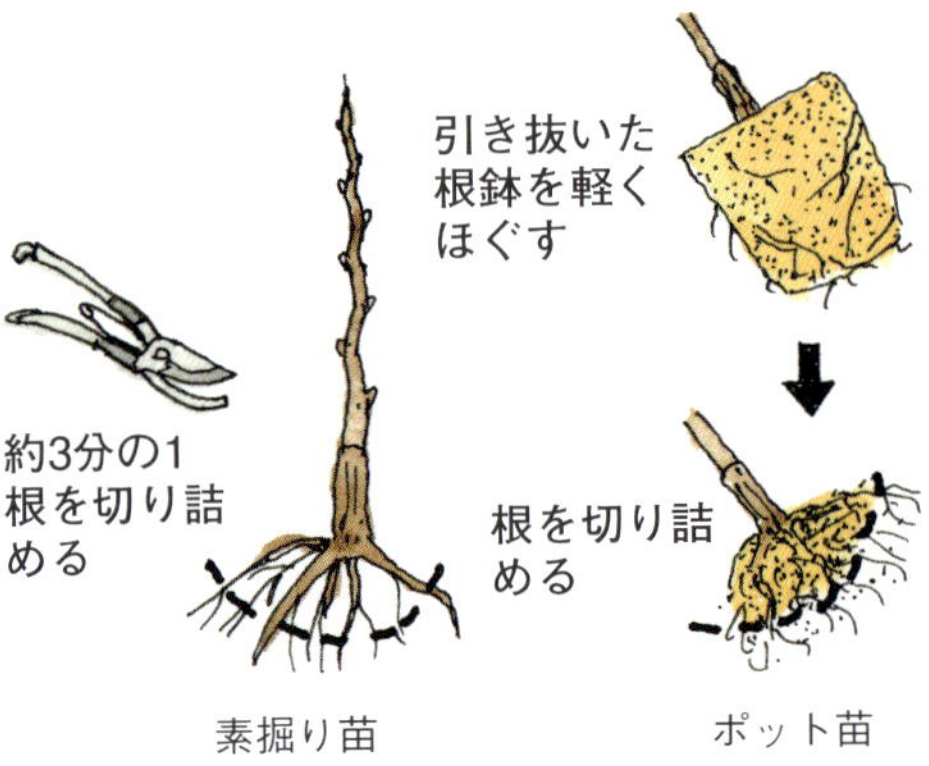

苗木の根の処理

前日の処理として素掘り苗、ポット苗いずれの場合も、植えつけ寸前まで根部だけを水に漬けておき、できるだけ根を乾燥させないようにします。

植えつけ当日は、植えつけ寸前にバケツから苗を取り出します。

素掘り苗の場合は、根を広げて基部から3分の2程度残して切り詰めます（図2−3）。

ポット苗の場合は、そのポットがスリット状のものでなければポット内の根が鉢底で渦を巻いたように伸びています。

まずは根鉢を引き抜き、軽くほぐして土を落とし、根にハサミを入れて新根が出やすいようにします。根鉢がガチガチに固まっている場合は基部から2分の1〜3分の2程度を残して、土ごとノコギリを用いて輪切りにして切り落とします。

図2－4　苗木の植えつけ

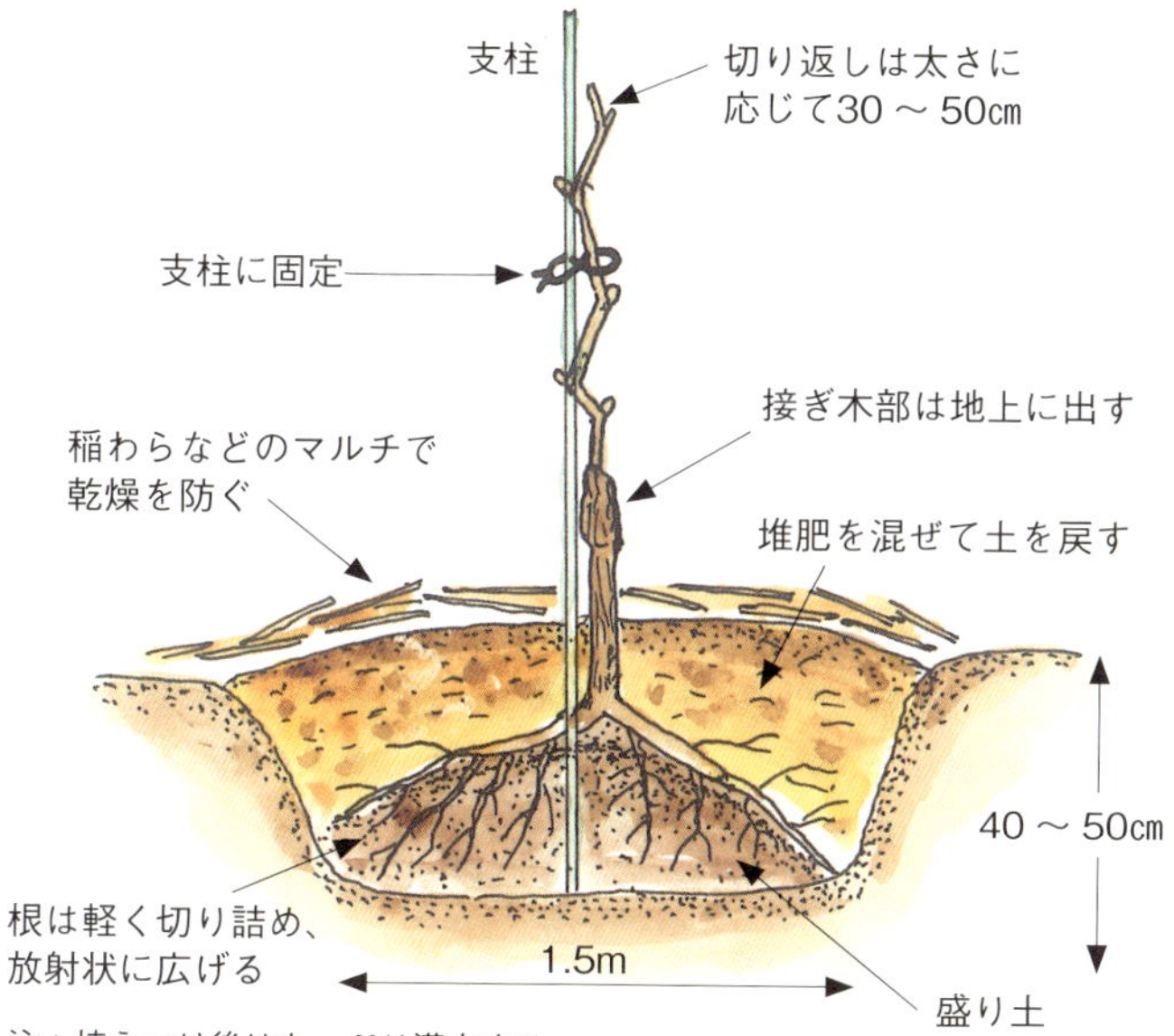

注：植えつけ後はたっぷり灌水する

苗木を穴の中央に据え、根を放射状に広げる

すでに発芽して新梢が発生している苗木の場合、渦巻き状の根の処理をしないでそのまま残して植えつけます。

植えつけの手順

植えつけ場所に直径1～1・5m、深さ50㎝ほどの穴を掘ります。接ぎ木部位が土に埋まらないように穴の中央を盛り上げます（図2－4）。

接ぎ木部のテープは取り除いて、根の先をやや切り戻し、盛り上げた土の中央に苗木を据えて根を放射状に広げます。掘り上げた土に堆肥と苦土石灰を混ぜて、その土で穴を埋め戻し、苗木を固定します。

植え穴の多肥は厳禁です。埋め戻す際に、接ぎ木部位が土に埋まらないようします。植えつけ直後に水をしっかり与えます。灌水後、土が沈んだ場合、土を補充します。

植えつけ後の苗木

植えつけ後の管理

苗木の地上部の30～50㎝にある大きく充実した芽の上で切り戻し、支柱で苗を支えます。

乾燥防止や雑草対策のため、稲わらなどで植え穴の上部を被覆します。土が乾燥しないように定期的に水やりします。

発芽前には休眠期の防除をします。発芽後に新梢が徒長して、枝の充実が悪くなると将来よい樹になりません。植えつけの2~3年は枝の徒長を防ぐため、窒素肥料を施肥しません。葉色が薄かったり、新梢の伸びが悪かったりしたときは、尿素など即効性の窒素肥料を軽く施用します。

植えつけ1年目は、将来の主幹を養成する重要な時期です。枝に黒とう病などの病気が発生しないよう、しっかり防除します。また、株元がコウモリガなどの枝幹害虫に食害されないように注意します。

稲わらマルチ

平棚の形態と組み立て例

ブドウはつる性果樹なので、栽培するにはなんらかの支えが必要です。平棚は、主に生食用ブドウで用いられます。日本は、生育期に雨が多いため、雨で感染が拡大する病害対策として有効です。

また、土壌も比較的に肥沃なため、樹冠が十分に広がらないと良好な品質の生食用ブドウを生産できないためです。垣根仕立てに比べて収量は多くなります。

コンクリート杭の甲州式平棚

棚の形態と資材

甲州式平棚

現在、生食用ブドウの栽培が多い日本では、棚仕立てが主流となっています。江戸時代、甲斐の国の医師、永田徳本が「ブドウ棚かけ法」を考案したという記録が残っていますが、現在のような園全面を利用した本格的な針金の棚は明治に入ってから考案され、「甲州式平棚」と呼ばれる構造が確立されてきました。

甲州の起伏の大きい扇状地に農地があったため傾斜もあり、園地の面積は狭く不規則な形でした。そのような地

図2−5　甲州式平棚の例

パイプ支柱の場合

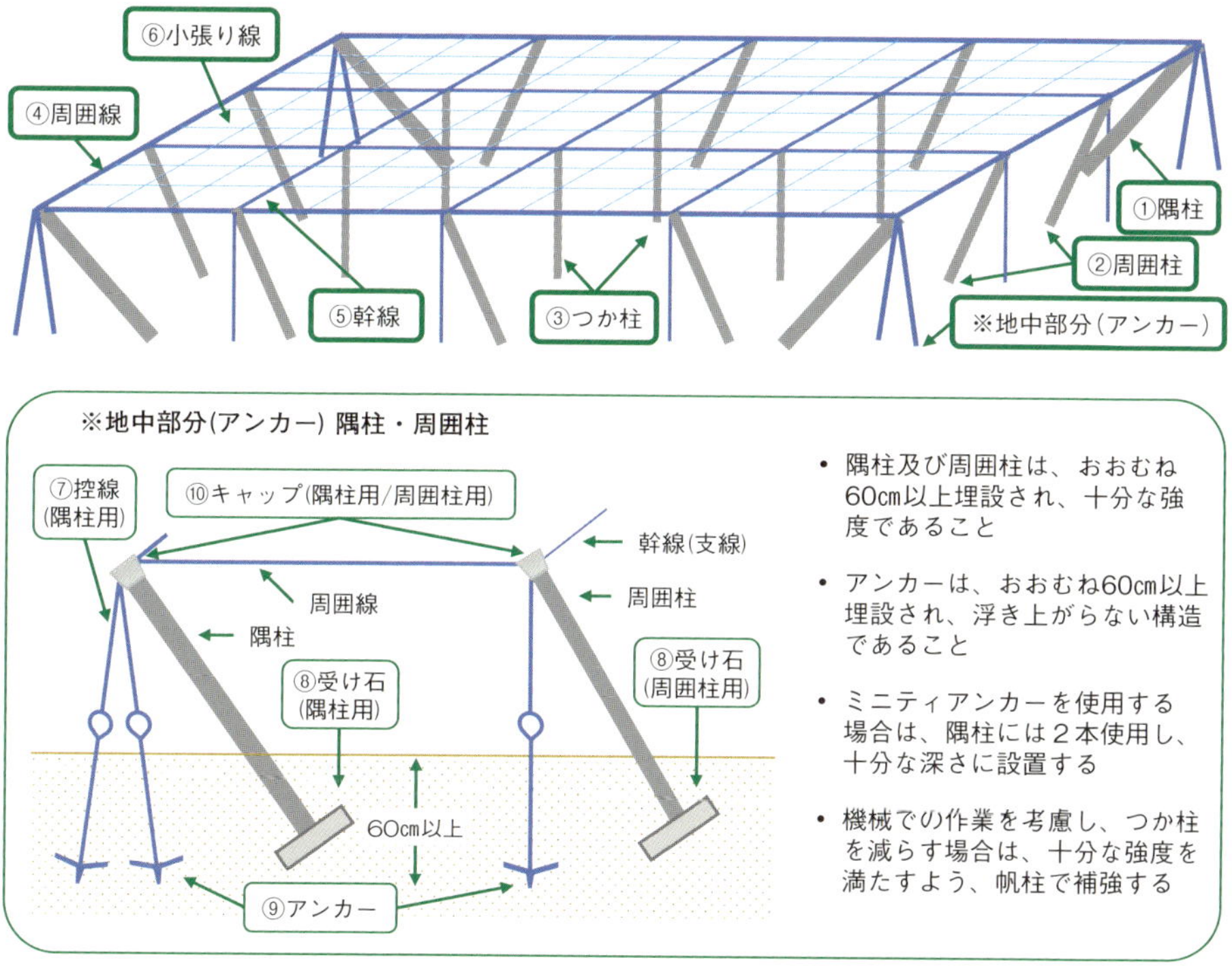

注：①全体にステンレスの幹線、小張り線を張りめぐらす
　　②山梨県青果物経営安定基金協会

形条件に適応できるよう発展してきました。棚面が地面から離れているため、風通しがよくなり、ブドウ栽培でいちばんの問題となる病気の発生を減らすことができます。今では、国内の標準的な栽培仕立てとなっています。

　甲州式平棚には、コンクリート杭とパイプ支柱の2タイプがあり、今日ではパイプ支柱タイプが有力になっています（**図2−5**）。ステンレス線を用いて、棚面を地面と平行に設置します。隅杭《すみぐい》を四方に配置し、アンカーでしっかり固定します。アンカーは、60㎝以上の深さに埋設して、浮き上がらない構造にします。その間に平杭と中杭を配置します。

　支線の間隔は基本的には7尺5寸（2・25m）であり、支線に囲まれた1間は約5㎡（2・25m×2・25m＝5・06㎡）となります。1反（10a）当たり200間となりますので、枝数や房数の調節には計算しやす

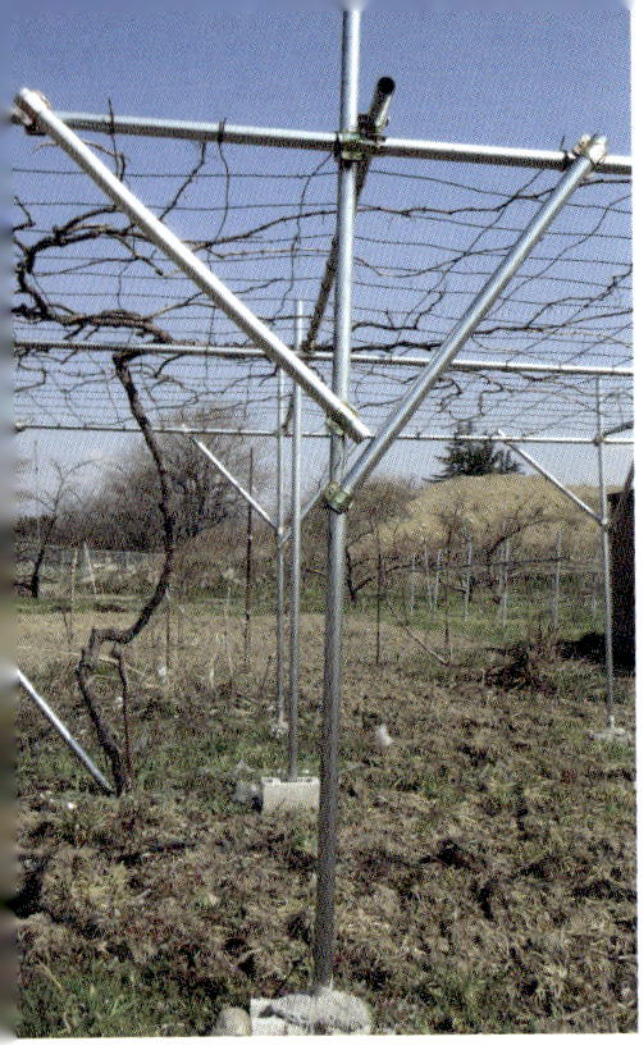

庭先のパイプ棚

図2－6　庭先パイプ棚の組み立て例

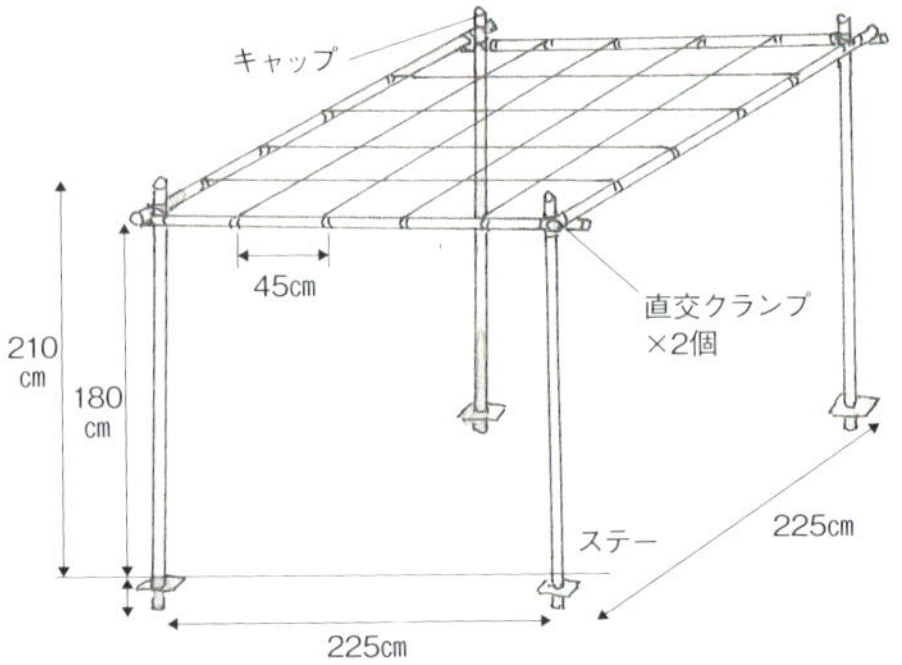
注：①棚の面積は5㎡。45cm間隔で小張り線を張り、固定する
②柱を埋め込まずにコンクリートの土台に設置する方法もある

い便利なサイズとなっています。

ステンレスの周囲線と支線で棚全体を周囲からバランスよく引っ張ることで棚の強度を維持できます。支線の間には、新梢誘引用の小張り線を張りめぐらします。

新甲州式平棚

従来の甲州式平棚は、外周のコンクリート柱にステンレス製の棚線を張る構造であり、傾斜地や不整形な園地にも設置でき、耐久性に優れる長所があります。一方、棚線にかかる荷重を考慮したコンクリート柱の耐久性計算など、建設に必要な専門知識を持った技術者が減り、工賃もかさむことが課題でした。

新甲州式平棚は、主要な構造材に2種類の鉄鋼パイプを用い、棚を中柱（帆柱）と棚線で吊り上げる平棚で、山梨県で開発されました。これまでのコンクリート製の杭を台形に広げて建てるブドウ棚と違い、新甲州式では鉄管パイプを四角形に建てる方式です。

既存のブドウ棚に比べて、建設費が安く、支柱の間隔が広いのが特徴です。構造材の費用は甲州式より多くなりますが、工期が短く、工賃が安くできるため、結果的に甲州式より安く設営できます。従来のブドウ棚の支柱間隔は約2・25mと狭かったのですが、パイプ棚では中柱で棚面を吊り上げるため、約4・5mと間隔が広くなります。棚下での草刈り機やSSなど農業機械の操作がしやすくなり、作業効率が改善されます。

パイプ棚の組み立て

単管パイプは木材などに比べると重くて硬いため、扱いにくく感じるかもしれません。しかし、ホームセンターなどでも購入でき、耐久性もあるため家庭用のブドウ棚のDIY（日曜大工）にも向いています（**図2－6**）。ホームセンターで購入する場合、その場で必要な長さにカット加工してくれ

図2－7　新甲州式平棚（パイプ棚）の例

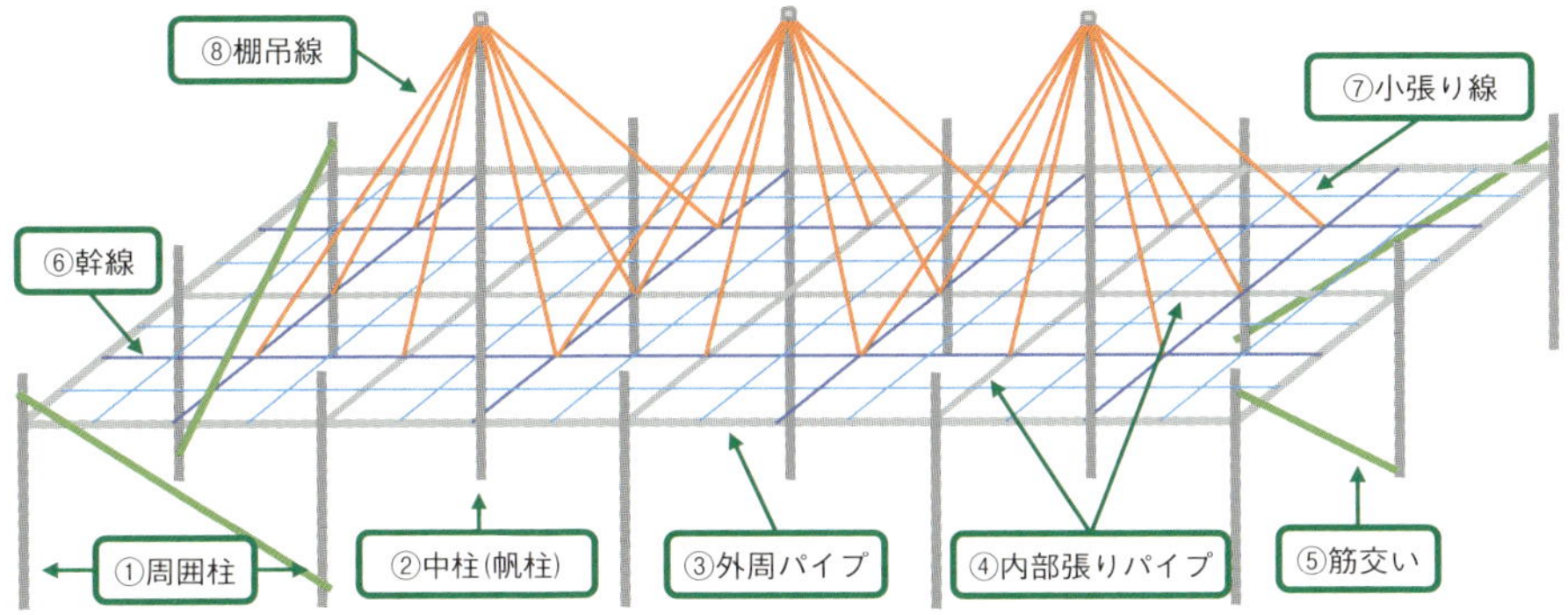

注：山梨県青果物経営安定基金協会

新甲州式平棚。庭先のパイプ棚と同様に特別な重機も使用しないので、一人で自力で組み立てて設置することができる

る場合もあるので、事前に調べておくとよいでしょう。

　重さが気になるという場合はアルミのパイプなどを選ぶとさびにくく、軽量でおすすめです。屋根の部分は枠組みだけ単管パイプを使い、あとはエクセル線のようなワイヤを張って棚をつくる方法もあります。

組み立ての材料

　単管パイプを利用した本式の新甲州式平棚の組み立て事例を紹介します（**図2－7**）。

　まずはどのようなブドウ棚をつくるか決めて、設計図をつくります。これによって、必要な材料の種類と量を把握します。

　しっかりした棚をつくりたいため、直径48・6㎜の単管パイプが基本的な骨組みの資材となります。単管パイプを連結するために使うのがクランプです。3種類あって、直交クランプは外周のパイプや内部の張り用のパイプで棚を組み上げるときに、自在クランプは筋交いをつけるときに、ボンジョイントは、単管パイプを延長するときに使用します。いずれも直径は48・6㎜です。

組み立てポイント

　土台となる周囲柱や中柱は、できれば60㎝以上の深さでボイド管に入れてコンクリートで固めます。できない場合、単管パイプを直接地面に垂直に打ち込んでもよいですが、作業がたいへんなのでコンクリート製の単管用の土台（ベース）を使います。

特に土台が水平であることは重要なので、水平器などを使ってしっかり水平を確認して設置します。周囲柱には、補強のための筋交いを入れます。

次に天井部分の組み立てとなりますが、各支柱に天井用の単管パイプをクランプでしっかり接合します。天井部分にステンレス製の幹線（支線）と小張り線を張ります。このとき棚線が緩まないように注意します。

新甲州式平棚では、中柱から棚吊線を伸ばして棚線を吊り上げます。屋根掛けや簡易トンネル栽培をする場合、別途それらを支える支持体を追加します。単管パイプやクランプを長持ちさせるため、錆止めの塗料を塗ります。

雨よけ栽培の効果と設置例

雨よけ栽培の導入と効果

シャインマスカットは、果皮が薄い品種ですが、果粒の裂果も少なく、耐病性も巨峰なみであるため露地栽培でも十分栽培できます。

しかし、べと病にはやや弱いので感染時期の長雨は避けたほうが無難です。さらなる安定生産や品質の向上には、雨を避けられる栽培環境が望まれます。

雨よけ栽培では、天井が被覆されて棚面の温度が高く推移するため、露地栽培に比べて3～5日生育は早くなりますが、収穫時期は露地栽培とあまり変わりません。

加温栽培より建設費や維持経費は少なくて済みますが、販売方法や経営面から導入には事前に十分な検討が必要です。

サイドレスハウス

雨よけ栽培の効果

● 安定生産（天候の影響を受けにくい栽培）

降雨が直接果房や枝葉に当たらないため、過湿条件にならないこと、突然の豪雨でも雨水が急激に土壌にしみこまないことから、土壌水分の変動が少なくなり裂果防止になるなど、天候の影響を受けにくい栽培ができます。

雨天でもジベレリン処理ができるなど結実を安定化できます。降雨や過湿に伴う果粒の腐敗が少なくなるため、房の棚持ちがよくなります。観光園やネット販売向けの栽培にも適しています。

天井の高いサイドレスハウス

●減農薬栽培

シャインマスカットの病害の多くは、降雨によって感染します。特に、重要病害であるべと病、灰色かび病、黒とう病、晩腐病は、雨水を介して感染が広がります。

雨よけ栽培では、これらの病気の発生を抑える効果が高まります。また、防除のために散布した薬剤も雨で流されることはないので、防除効果も延長されて防除回数や農薬量も減らすことができます。

硬質ポリエチレンフィルムを用いたハウス

雨よけ栽培の留意点

メリットばかりではなく、留意点として、次の点があります。

●施設内が乾燥しやすいため、ハダニ類やスリップス（アザミウマ）類が発生しやすくなります。定期的に灌水して園内の極端な乾燥を避けます。害虫の発生状況をよく観察して、発生初期の防除に努めます。

●天井が低い場合、熱気がこもりやすく棚面がかなり高温になります。葉焼けの原因になるため、被覆を除去したり、部分的な換気をしたりするなどの温度管理が必要になります。

●初期投資だけでなく、硬質ポリエチレンフィルムの張り替えの労力、フィルムや構造物の修理・交換などの維持費が発生します。

雨よけ施設の種類と設置例

雨よけ施設の種類として、本格的なサイドレスハウス、片屋根式、棚上にアーチを設けて簡易に雨よけする簡易被覆（トンネル）式があります。

サイドレスの雨よけハウス

パイプハウスの屋根だけにフィルムを被覆することから、サイドレスハウスと呼ばれます。骨材に丈夫なパイプを使用することから、建設費用がかかります。

棚上が高いことから、風通しもよく、高温障害の危険性は少なくなります。フィルムを巻き上げ式にすると、雨天時のみ被覆したり、高温時に巻き上げたりして自由な温度の調整がしやすくなります。

被覆式の簡易雨よけハウス

片屋根式の雨よけハウス

風向や方位、園地の傾斜などの立地条件を考慮して、屋根を一方向に傾斜してつくるサイドレスハウスです。サイドレスハウスよりもやや安価に設置できます。

屋根に上らずにフィルムを張り替えできるため、安全性が高く労力も少なく済みます。簡易被覆式より屋根も高く、通気性も優れるため高温になりにくい長所があります。

既存の棚上に設置した雨よけハウス

簡易被覆式の雨よけハウス

既存の棚面上にカマボコ型のアーチを設置して、その上にフィルムを張る方式です。平行整枝・短梢仕立てでは、果房部分のみ被覆する場合もあります。

棚面の上にアーチ構造を簡易に取り付けて設置できるため、初期投資が少なく済みます。フィルムも比較的容易に被覆できます。しかし、屋根部分が低いため、熱気がこもりやすく高温による葉焼けの危険は高くなります。

第3章

整枝・剪定と仕立て方の基本

WH型平行整枝（短梢剪定）

ブドウ樹の形態と主な器官

ブドウの樹の特徴

ブドウの樹の大きな特徴は、つる性の果樹であることです。つる性とは、茎が自立せず、他の対象物に巻きついて成長する性質です。つる性の果樹なので、栽培するときには幹や枝を支えるための棚や垣根など、なんらかの支持物が必要となります。

ブドウは、支持物に巻きつくために巻きひげがあり、これは他の果樹にない特徴です。一方、つる性の特性を生かすことによって、植えつけ場所や枝の配置の自由度は高くなります。

棚栽培や垣根栽培では、枝を人為的に配置して平面を効率よく活用することができます。ブドウは落葉果樹であることから、毎年、落葉後の冬季に不要な枝を剪定して取り除き、次の年の生産に備えます。

萌芽

発芽・展葉（右が主芽、左が副芽）

芽座の状態

樹枝と芽、根の組織

主幹と主枝、結果枝

ブドウ樹の短梢剪定の構成は主幹、主枝、結果枝（新梢）が基本になります。長梢剪定の場合、棚面を埋めるために亜主枝と側枝が必要になります。主枝や側枝には芽座《めざ》があり、毎年芽座にある休眠芽から新梢が発芽・展葉して、その新梢が結果枝となり果房が着きます（**図３－１**）。

つる性の枝には、節があり、各節に葉が交互に着きます。冬季にそれらの葉が落ちた後の各節に休眠芽ができています。芽の中には、翌春に萌芽・発

巻きひげ

図３−１　ブドウ樹の形態の特徴

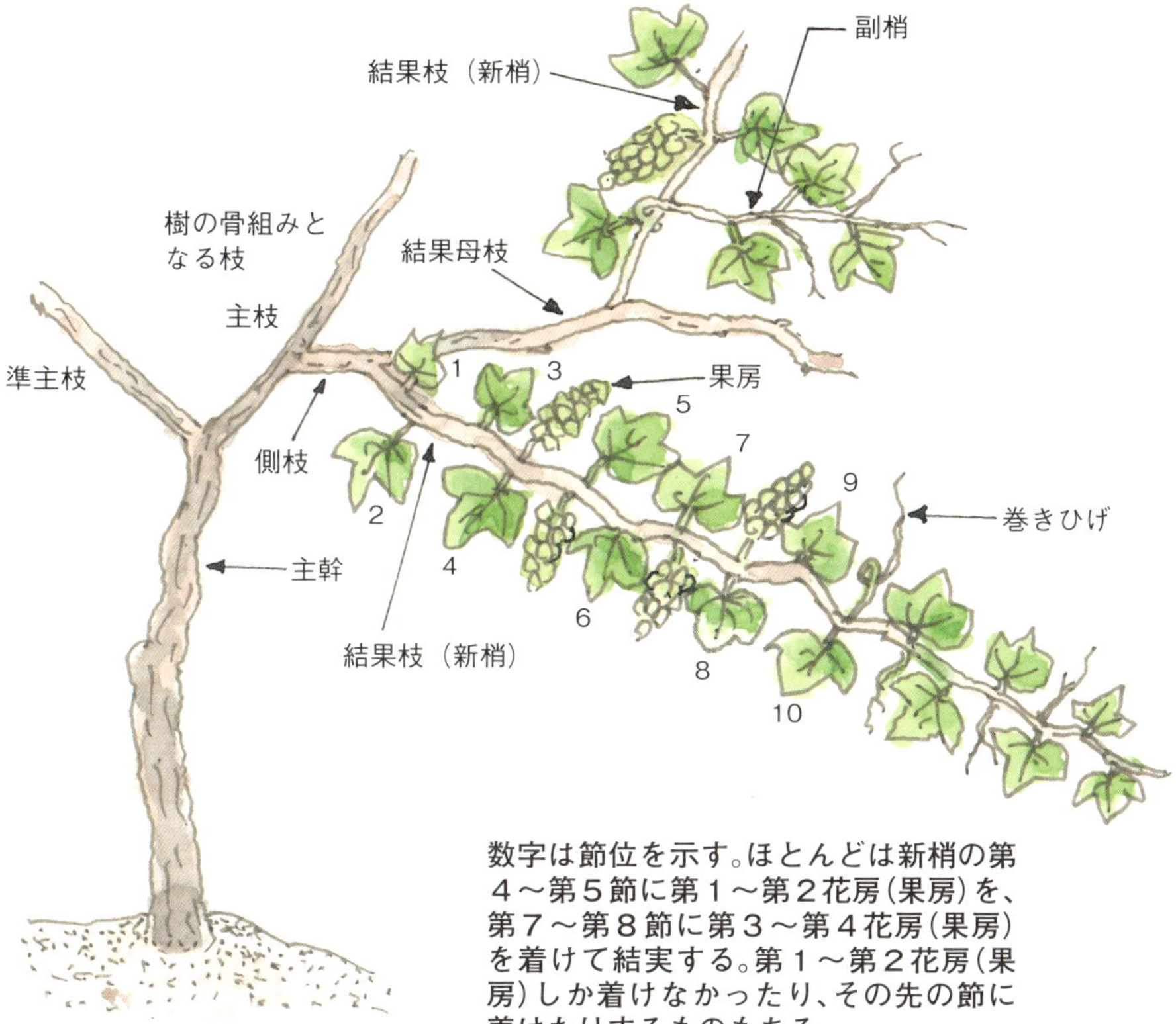

数字は節位を示す。ほとんどは新梢の第４〜第５節に第１〜第２花房（果房）を、第７〜第８節に第３〜第４花房（果房）を着けて結実する。第１〜第２花房（果房）しか着けなかったり、その先の節に着けたりするものもある

芽して伸長する新梢、葉や花穂の原基がすでに柔毛に包まれて形づくられています。

発芽と展葉

このように、ブドウの芽は、葉芽《ようが》（葉と枝のもととなる芽）と花芽《かが》（花を着ける芽）が一緒に内包された混合花芽です。細かくいうとこの休眠芽には、生育の最もよい主芽とやや生育の劣る副芽《ふくが》もあります。春先の萌芽するときに一つの休眠芽から複数の芽が発芽し、伸長します。通常、副芽から出た芽は、芽かきして取り除きます。

各節に葉が交互に着く

各節に着いた葉が交互左右に展葉します。葉の反対側に巻きひげや花穂が着きます。シャインマスカットの巻きひげは、連続的ではなく不連続に着きます。

新梢の葉の基部に腋芽《えきが》（内部で翌年の花芽や葉芽を形成する）ができ、6~7月頃、花芽の原基がつくられ、8月頃にはいったん分化の成長が止まり、その後、芽の活動も止まって休眠します。

新梢の伸長

翌春、萌芽・発芽後に新梢が伸長して、開花直前に花器が完成します。樹の勢いが強いとき、新梢の腋芽が発芽して、新たに2次的な枝が伸長します。その枝を副梢と呼びます。

ブドウの新梢は、春先は緑色で軟らかいですが、夏から秋にかけて登熟（枝の木質化）して硬くなり、茎の皮は褐変します。

落葉後に枝を縦に切ってみると、節には節壁があり、枝の中心部には髄《ずい》があります。充実した枝は、芽が大きく、節壁が厚く、髄の割合が小さくなります。

新梢が伸長

根の役割・伸長

苗木の根

根は、養水分の吸収はもちろん、吸収した無機物と地上部から送られてくる物質を材料に様々な養分を生産する器官でもあります。花芽の分化や発達に必要な植物ホルモンを生成することも知られています。さらに、春先の発芽や新梢伸長に必要な栄養の貯蔵器官にもなっています。

根の発育は、地温が上昇する発芽期前後から始まり、開花から結実期の頃から盛んになり、幼果の肥大期である果粒肥大第Ⅰ期に新根の発生が最も多くなります。夏季にはほとんど根の伸長はなくなり、秋の収穫後に再び発育が活発となって、いわゆる秋根の伸長期になります。晩秋、気温が13℃以下になるとほぼ、年間の生育が終了するといわれています。

地下部のことはおろそかになりがちですが、根を健全に生育させるためには、土壌環境を改善する土づくりがたいへん重要な管理作業になります。

整枝・剪定の目的と仕立て

整枝・剪定の目的

バランスよく枝を配置

放任しておいても自然に樹姿が整っていく樹木と違い、ブドウを含めた落葉果樹では、品質のよい果物を生産するために整枝・剪定は必ず行う必要があります。

ちなみに整枝とは枝の誘引や樹形を整えることをいい、目的に応じて枝を切ることを剪定といいます。

整枝・剪定の目的は、樹の勢いや特性を考慮しながら、品質のよい果物を毎年安定して収穫できるようにすることです。バランスよく枝を配置してスペースを有効に活用するとともに、太陽光を最大限に利用できるようにします。また、管理作業がしやすいように樹形を整えます。

間引き剪定と切り返し剪定

枝の切り方ですが（**図3－2**）、枝の分岐点で切るのを間引き剪定、分岐点以外の枝の途中で切るのを切り返し剪定（切り戻し剪定ともいう）といいます。

図3－2　短梢剪定と長梢剪定、間引き剪定

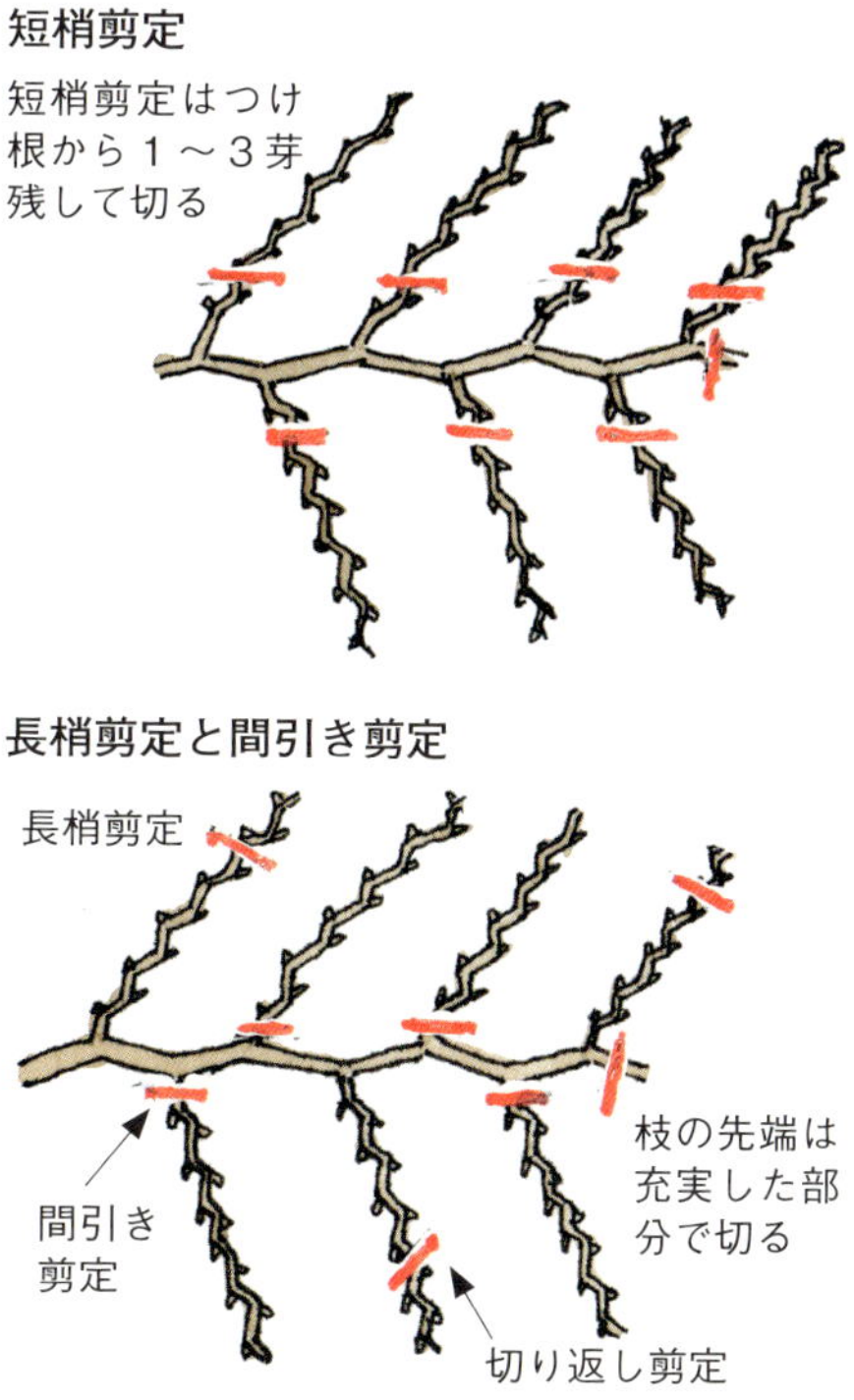

長梢剪定の結果母枝はつけ根から７～９芽残して切る。
間引き剪定は枝のつけ根から切る

仕立ての種類

ブドウは世界中で栽培されており、その土地の気候や果実の利用目的などによって仕立て方はいろいろです。代表的な仕立て方は、垣根仕立てと棚仕立ての二つに分けられます。さらに、

図3－3　棚仕立て

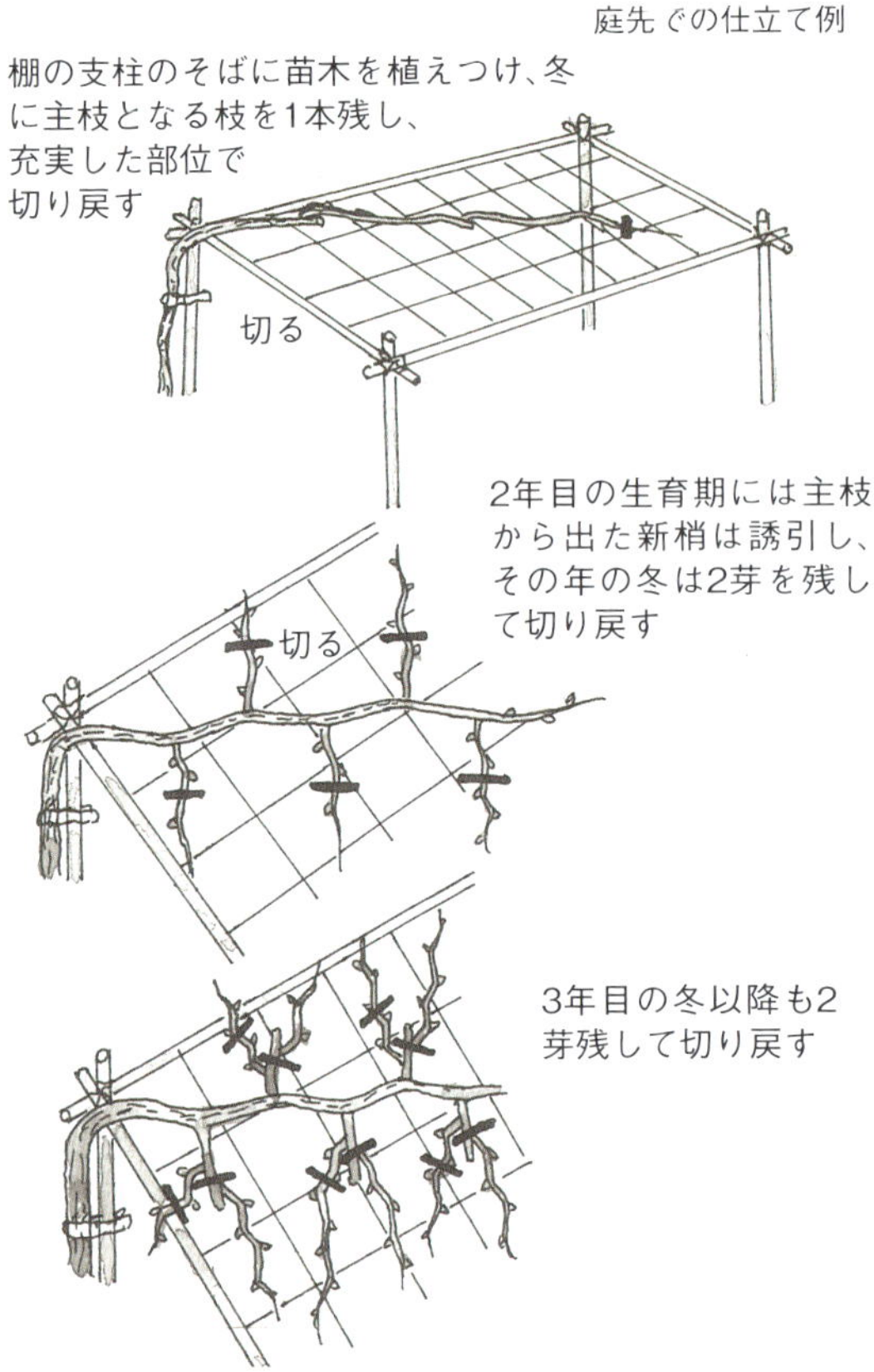
庭先での仕立て例
棚の支柱のそばに苗木を植えつけ、冬に主枝となる枝を1本残し、充実した部位で切り戻す
切る
2年目の生育期には主枝から出た新梢は誘引し、その年の冬は2芽を残して切り戻す
切る
3年目の冬以降も2芽残して切り戻す

単管パイプでつくられたブドウ棚

垣根仕立て

枝の配置によって、次項で詳述するように平行整枝や自然形整枝などの整枝方法が分けられ、さらに剪定の仕方によって、長梢剪定や短梢剪定などに分けられます。

棚仕立て

棚仕立ては、イタリアや中国などでも行われていますが、日本のように棚で土地全面を覆う方法は少ないようです。日本の棚仕立ては、明治初期、欧米からブドウが導入された当時に、温暖で多湿な日本に適する仕立て方として先人たちが苦心して開発したものです（**図3－3**）。

　現在でも、収量や果実の品質、樹勢コントロールのしやすさの面から見て棚仕立てが最も適していると考えられており、多くのブドウ栽培者や庭先果樹の実践者が取り入れています。

　日本国内における棚仕立ての代表的な整枝剪定法は、自然形長梢剪定と平行整枝短梢剪定の二つに大別されていますが、この両方法については後ほど詳しく紹介します。

垣根仕立て

垣根仕立ては、先にも述べたようにフランスやイタリア、アメリカなど世界的なワイン産地では普通に行われている仕立て方です。

これらの地域では、降水量は年間500㎜程度と日本に比べはるかに少なく、土壌中の養分も少ないため、樹冠を広げなくても枝が徒長せずに糖度の高いブドウが生産されています。

ちなみに、シャインマスカットでも垣根仕立ては可能ですが、商品化のためには摘粒やジベレリン処理、カサかけ、袋かけといったいくつもの果房管理が必須であり、経済栽培を行う場合、収量面などの課題もあって必ずしも現実的ではありません。

短梢剪定と長梢剪定の特徴

シャインマスカットは他のブドウ品種と同様に、棚仕立てにおいては平行整枝短梢剪定、または自然形長梢剪定を行っています。

それぞれの剪定方法の特徴や長所、利点について、**表3－1**（49～48頁）とともに次に具体的に紹介します。

短梢剪定の特徴

短梢剪定は省力化、単純化がはかられるため、全国的に採用・導入が増加傾向にあります。

短梢剪定樹の果房

短梢剪定の長所

短梢剪定栽培の長所は、次のようなことが挙げられます。

● 整枝・剪定が単純であり、長梢剪定のように熟練した技能を必要としません。

● 新梢の誘引方向が同一であり、また、果房位置が整然としているので、摘心やカサかけ、袋かけなどの作業の進行が効率的になります。

● 生育ステージや新梢の勢力が揃いやすいので、ジベレリン処理などの作業も一斉に行いやすく、果実品質も均一になります。

● 新梢の勢力が強くなるので種なし栽培に適しています。

● 主枝長当たり何房といった目安が立てやすく、収量調節が容易です。

●簡易雨よけ施設の設置が容易であり、べと病や晩腐病の発生が抑えられます。

短梢剪定の短所

一方、短所としては次のようなことが考えられます。

●剪定量が加減できないので、樹勢が低下したとき回復させることが難しくなります。

●品種により花穂が着生しなかったり、小型化することがあるので、すべての品種には適用できません。

●芽座を確保するため、主枝の延長枝にはすべての芽に芽キズ処理（発芽させたい芽に切り込みを入れる）を行う必要があります。

栽培の比較

簡易雨よけ施設（トンネル）の設置
適応しておらず不可
設置可

●長梢剪定に比べて1年枝内の貯蔵養分が少ないので、初期生育が遅れます。

●強い新梢が発生するため摘心作業が必須となります。

この仕立ての導入の利点は、端的に言えば「果実品質を保ちながら管理作業の単純化・省力化がはかられる」ことです。経験の浅い栽培者でも、品質の高い果実を生産できます。

また、管理作業が全般に単純化されるので新規の雇用者にも導入しやすくなります。今後、産地維持や規模拡大などに向け、雇用労働力を積極的に活用することを考えれば、作業の単純化は重要な要素となります。

H型整枝（短梢剪定）

長梢剪定の特徴

X型長梢剪定法は、山梨県勝沼の土屋長男《ながお》氏により創案されました。従来行われてきた放任に近い自然形の欠陥を指摘し、改善を加えて構築された画期的な整枝剪定法であるといえます。

負け枝（新しい枝が古い枝より強勢になり、古い枝が負けてしまうこと）を防ぎつつ樹冠を拡大していくこの整枝剪定法は、開発から70余年を経過した現在でも色あせることなく、すべての品種に適応できるため、日本のブドウ栽培の基本技術となっています。

しかし、新規就農者や経験の少ない栽培者からは「作業のなかでは剪定、特に長梢剪定がいちばん難しい」とも

表３－１　シャインマスカットにおける長梢剪定栽培と短梢剪定

剪定方法	剪定の労力	新梢の揃い	若木における果粒肥大	若木における樹冠の拡大	夏季の労力
長梢剪定	技術習得が必要。冬季剪定に誘引が必要	結果母枝の剪定程度と芽かきによって揃える	しにくい	早い	少
短梢剪定（摘心する栽培）	単純で省力	揃いやすい	摘心により肥大良	遅い	摘心と副梢管理が必要

注：出所『シャインマスカットの栽培技術』山田昌彦編（創森社）

いわれます。

長梢剪定の長所

長梢剪定の長所について、次に述べます。

●樹冠の拡大が速やかで早くから収量を確保できるので、早期の成園化が可能です。

●棚の空いた部分に自由に枝が配置でき、棚面を有効に活用できます。

●残す結果母枝を選択できるので、果実品質が安定します。

自然形整枝（長梢剪定）

●結果母枝の剪定程度を加減でき、樹勢のコントロールがしやすくなります。

●剪定だけでなく、芽かきや誘引により、新梢の勢力を揃えることができます。

●すべての品種に適用が可能です。

長梢剪定の短所

一方、短所としては以下の点が考えられます。

●整枝・剪定の技術の理解や習得が難しいため、熟練するには経験が必要となります。

●斉一的な枝の配置にはならないので、機械化などの省力技術の導入は困難です。

●根群が発達しない若木時に一気に樹冠を拡大することや着果の過多によって樹勢が弱りやすいので、注意が必要となります。

短梢剪定仕立ての方法

短梢剪定仕立ての形

整枝方法は基本的には片側4本主枝のＷＨ型、片側2本のＨ型、一文字型、オールバック型などがあります。また、最近では片側3本主枝の王字型も見かけます。シャインマスカットは樹勢が強いので、一般的な平坦地の場合はＨ型、ＷＨ型を基本とします。

主枝長は品種や土壌条件等によって異なりますが、Ｈ、ＷＨ型では片側6～8ｍ程度が適当です。主枝長を長くした場合には基部と先端部に生育差が生じ、管理作業や果実品質に悪影響を及ぼします。樹勢が落ち着かない場合は、主枝を長くするより主枝数を増やすようにします（**図3－4**）。

WH 型の平行整枝（短梢剪定）

カサをはずした果房

短梢剪定樹では主枝を杭通し線の下に沿わせるため、ＷＨ型やＨ型では植えつけ位置は支柱と支柱の中間部になります。長梢剪定樹のように枝を振って棚面を自由に利用することができないため、植えつけ時には棚面を図面に落とし、計画的に行うようにします。

一文字型

4年程度で樹形が完成し、初期収量が上がるので、ＷＨ型やＨ型の間伐樹として利用する場合が多いです。

仕立て方は、棚上まで伸びた新梢（結果母枝）は3分の2程度を残して切り詰めます。第2主枝は棚下40～50㎝から発生した副梢か次年度の新梢を用います。次年度以降は、そのまま主枝を延長して、剪定時には主枝の延長枝は15～20芽程度に切り詰めます。最終的な主枝の長さは、樹勢に応じて決めますが、片側10ｍ以内とします。

図3－4　短梢剪定栽培の整枝法

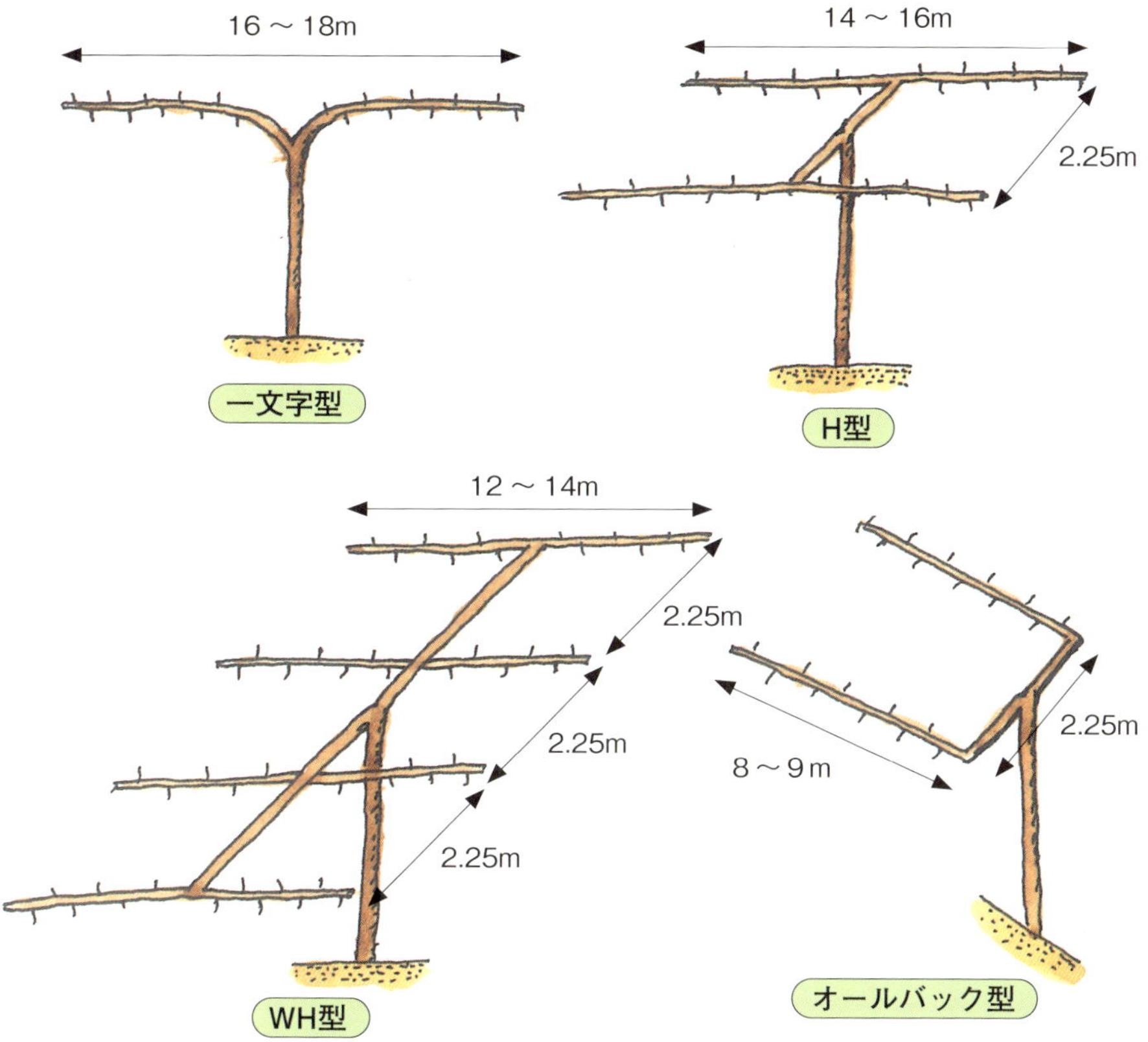

注：主枝長は目安なので、やや強めの樹勢を維持できるように調節する

H型整枝の年次別管理

1年目

棚上まで伸びた新梢（第1主枝）は、生育期のうちに緩やかに曲げて誘引しておきます。分岐部の手前から発生した副梢は、第3主枝として誘引しておきます（次頁の**図3－5**）。

剪定時には、3分の2程度を残して切り詰めます。第2主枝は棚下40～50cmから発生した副梢か次年度の新梢を用います。生育が悪かった場合には、思い切って切り戻し、次年度に強い新梢を発生させます。なお、剪定時には結果母枝は棚下に下ろしてバインドタイ等で結束します。

2年目

第1～3主枝の先端から伸びた新梢はまっすぐに誘引しておき、剪定時に

図3－5　H型整枝の剪定（4本主枝）

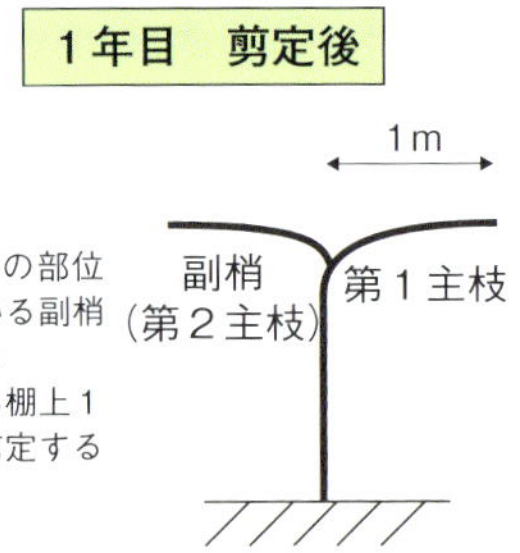

〈1年目〉
- 棚下40～50cmの部位から発生している副梢を第2主枝とする
- 新梢、副梢とも棚上1m程度残して剪定する

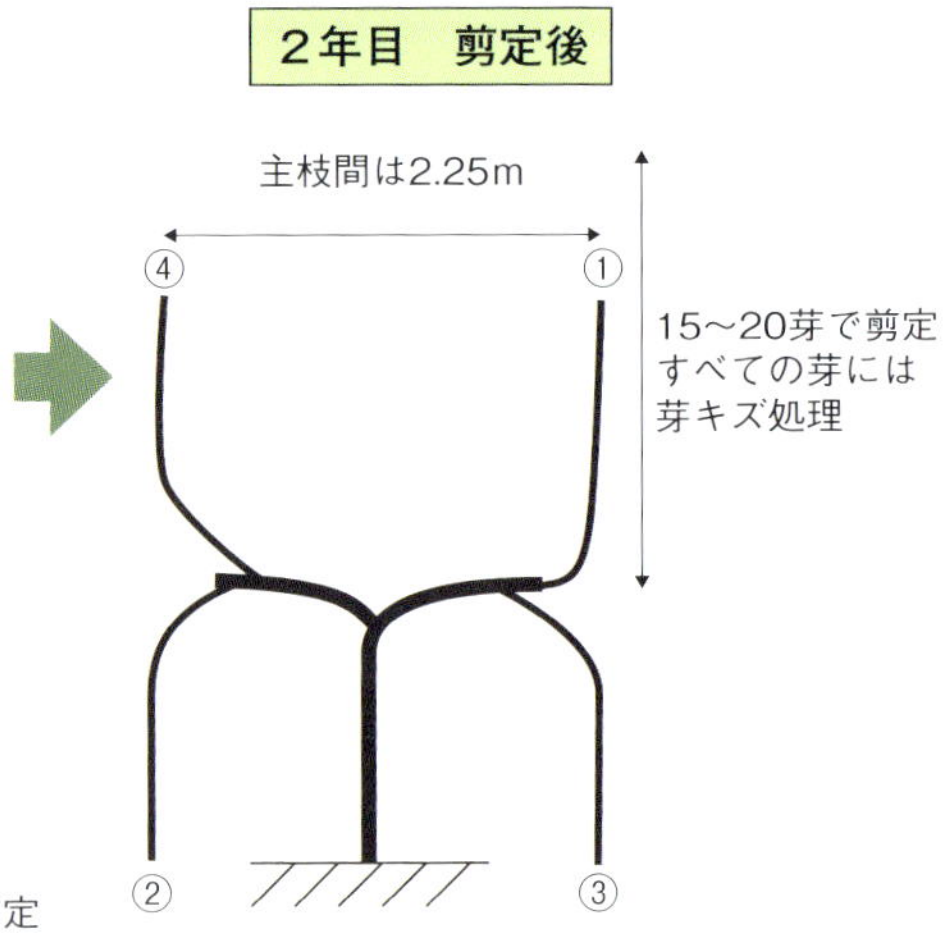

〈2年目〉
- 第1主枝側の先端から発生した新梢は緩やかに曲げて杭通し線に誘引する→①
- 先端から2番目の芽から発生した新梢は、先端新梢と反対側に緩やかに曲げて杭通し線に誘引する→③
- 第2主枝側も先端新梢は、第1主枝側の先端新梢と反対の方向に誘引する→②
- 第2主枝側の2番目の芽から発生した新梢も先端新梢とは反対方向に緩やかに曲げて杭通し線に誘引する→④
- 主枝の延長枝は15～20芽を残して剪定する
- 主枝の延長枝には、すべての芽に芽キズ処理を行う

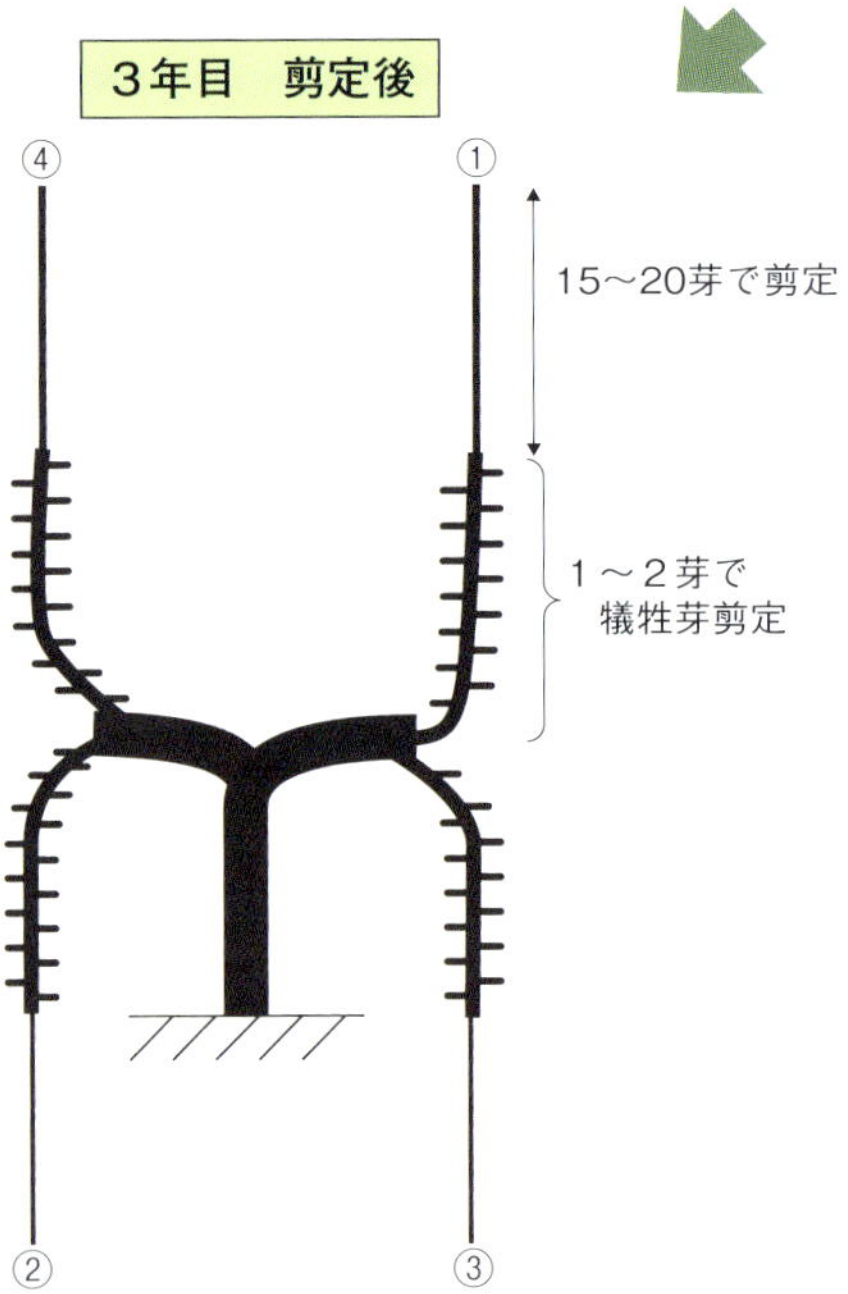

〈3年目〉
- それぞれの主枝先端の新梢は、まっすぐに杭通し線に沿って誘引する
- 冬季剪定は2年目と同様に15～20芽を残して剪定
- 主枝の延長枝以外の枝は、1～2芽残し犠牲芽剪定し芽座とする
- 2年目同様に延長枝には、すべての芽に芽キズ処理を行う

〈4年目以降〉
- それぞれの主枝先端の新梢は、まっすぐに杭通し線に沿って誘引する
- 冬季剪定は3年目と同様に15～20芽を残して剪定
- 主枝長を片側8m程度まで延長させると樹形が完成

15～20芽に切り詰め、主枝の延長枝とします。第2主枝の2番目の芽から伸びた新梢は第4主枝として緩やかに曲げて誘引しておきます。

剪定時には他の主枝の延長枝と同様に15～20芽に切り詰めます。延長枝以外の結果母枝は一律に1芽残して犠牲芽剪定します。

3年目以降

主枝延長枝の先端から伸びた新梢

は、2年目と同様にまっすぐに誘引しておき、剪定時に15～20芽に切り詰めます。

主枝延長枝以外の結果母枝は2年目と同様に1～2芽残して犠牲芽剪定し芽座とします。

ＷＨ型整枝（短梢剪定、生育初期）

ＷＨ型整枝の年次別管理

1年目

棚下30～50㎝の部位から発生している副梢を、第2主枝とします。

この年の剪定では棚上に2m程度、副梢は1m程度を残します（次頁の**図3－6**）。

2年目

第1主枝側の結果母枝の先端から発生した新梢（第1新梢）と2番目の芽から発生した第2新梢は旺盛に伸びていれば、それぞれ外側の主枝になります。このため、生育期の緑枝の時期に緩やかに曲げて誘引しておきます。

また、内側の主枝候補の新梢についても基部の方向に返すように誘引しておきます。このとき、主枝候補枝の生育に影響する新梢は摘心して候補枝の生育を妨げないように管理します。

内側主枝を車枝《くるまえだ》で配置すると外側主枝が負け枝となってしまいますので、必ず2芽以上空けて先から返すようにします。

図に示したように、冬季の剪定時には外側主枝a部の長さはb部よりも長く残して、生育期の葉面積を稼いでb部に負けないようにします。なお、残す結果母枝の長さは、太い枝でも20芽程度で切り返し、強めの新梢を発生させます。こうして、しっかりとした芽座を確保します。

残した結果母枝には、すべての芽に芽キズ処理を行い、不発芽による芽座の欠損を防ぎます。

第2主枝側の先端から発生した新梢も、外側主枝とするため緩やかに曲げて誘引しておきます。

3年目

3年目には骨格がほぼ形成されてきます。第1主枝側では先端から伸びた新梢はまっすぐ誘引しますが、太くなりすぎると枝の充実が悪くなり発芽率も低下してしまいます。

このため、25芽程度残して摘心し、また副梢も数芽残して摘心して枝の充実をはかります。

冬季剪定時の切り返しは15～20芽程度とし、2年目同様に外側主枝を長く残して葉面積を稼ぐようにします。同様に、延長枝のすべての芽にはキズ処理を行います。

第2主枝側の管理は、2年目の第1主枝側に準じて行います。

4年目

主枝の延長枝はまっすぐに誘引します。徒長させると充実が悪くなるの

図3－6　WH型短梢剪定樹の模式図

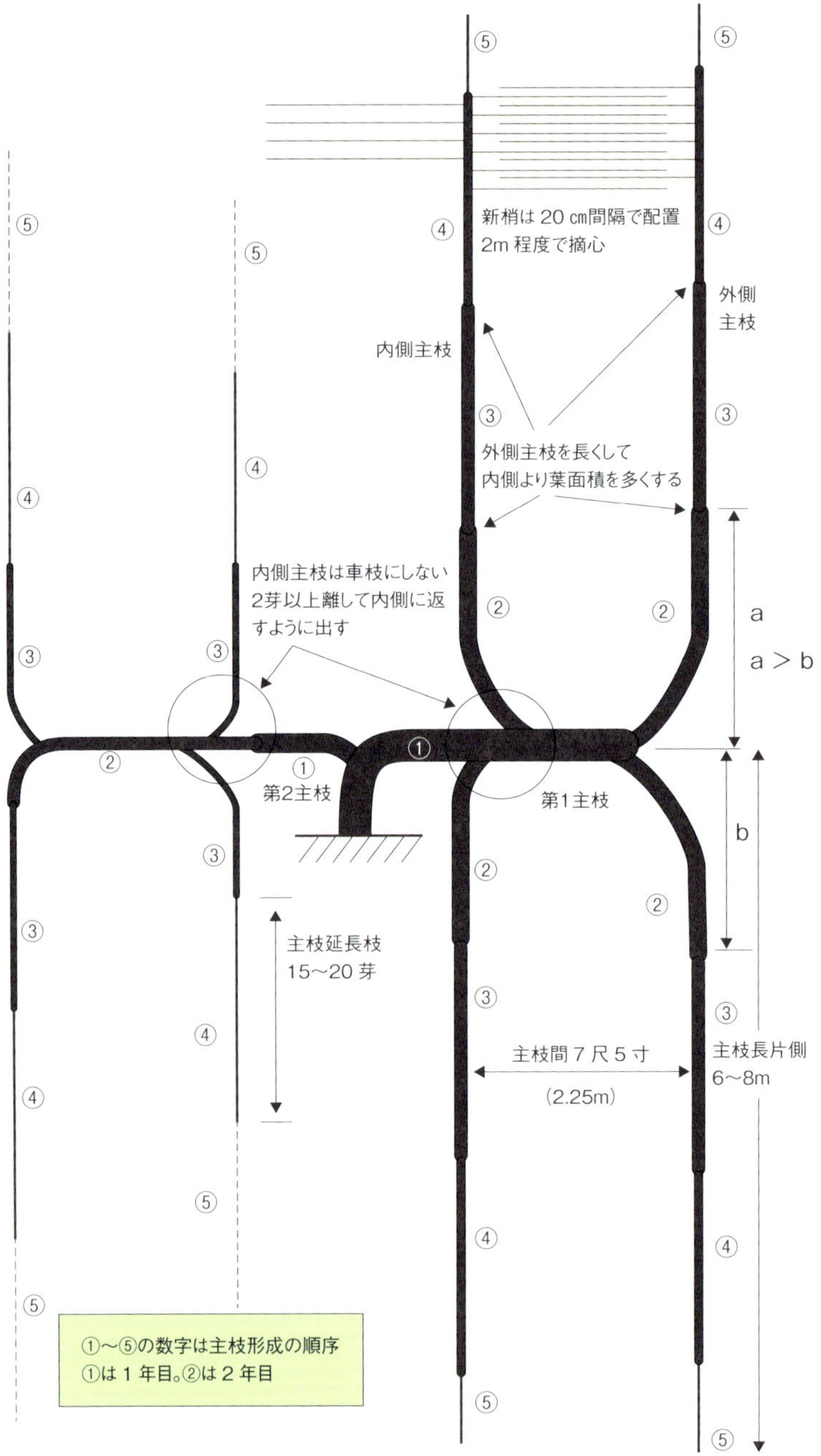

で、3年目の管理と同じように25芽程度で摘心して枝の充実をはかります。主枝のねじれを防止するため発生した副梢は左右均等に誘引します。

冬季の剪定時の切り返しは、15〜20芽程度とし、外側の主枝が長くなるようにします。すべての芽に芽キズ処理も同様に行い芽座の欠損を防ぎます。

以降、主枝長を片側6〜8mまで延長させて樹形が完成します。なお、主枝の長さは土壌の肥沃さなどにより異なってくるので樹勢を見ながら判断します。

短梢での結果母枝剪定の1年目（上）と2年目の例

結果母枝の切り詰め

基本的には1芽残して、その上の芽で犠牲芽剪定します。犠牲芽剪定とは、枯れ込みを防ぐため、組織が硬い芽の部位での剪定をいいます（**図3－7**）。

一つの芽座から2本以上の結果母枝が発生している場合は、主枝に近いほうの結果母枝を残し、芽座の長大化を防ぎます。

不発芽などにより芽座が欠損した場合は、前後の芽座の結果母枝を2〜3芽と多めに残して剪定し、穴埋め用の新梢数を確保します。

剪定の時期は厳寒期を避けますが、積雪が心配される地域では、積雪による棚の倒壊を防ぐため、あらかじめ5芽程度に荒切りをします。

図3−7　結果母枝の剪定方法

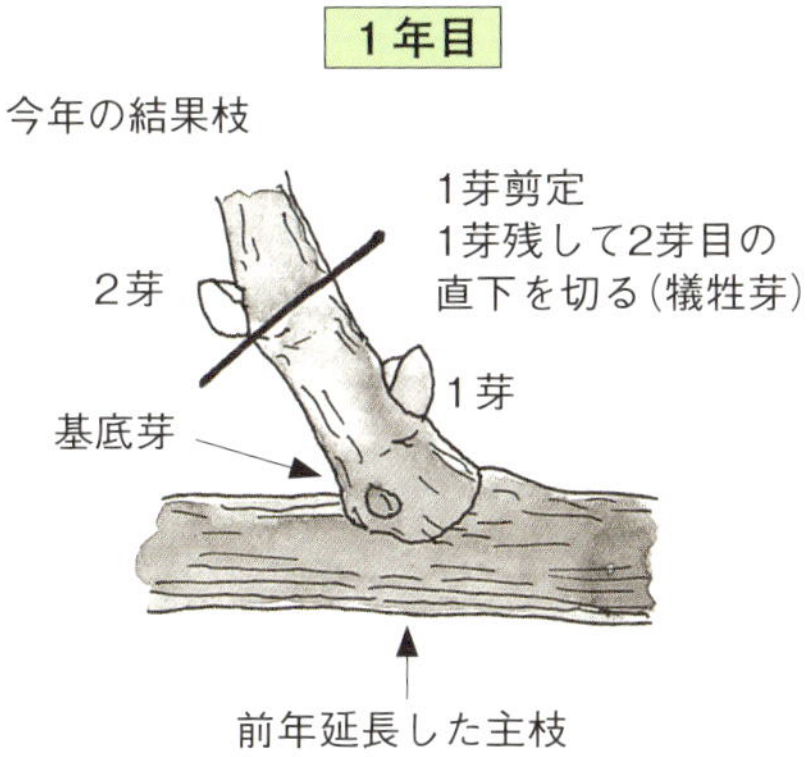

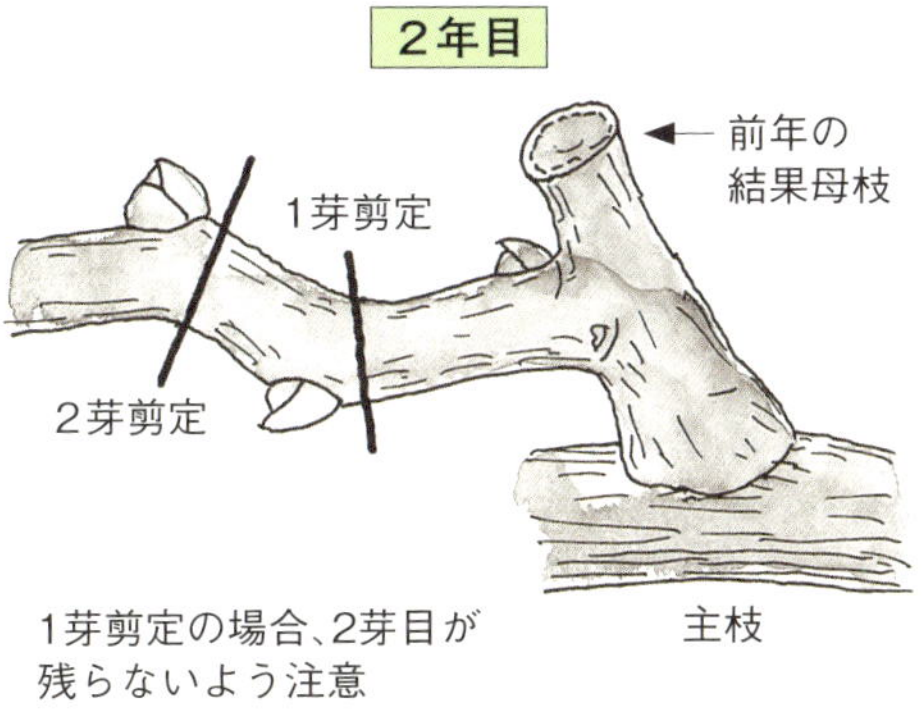

注：『改訂 絵でみる果樹のせん定』（長野県農業改良協会）より

長梢剪定仕立ての方法

長梢剪定仕立ての形と留意点

X字型整枝では、主枝の勢力を保ちながら樹冠を拡大し最終的には**図3-8**のような樹形を目指します。樹形が完成したら長年にわたり樹形と樹勢を維持しなければなりません。このため、整枝・剪定にあたっては以下の点に留意する必要があります。

●主枝はまっすぐに伸ばす

養水分の幹線である主枝は素直に伸ばし、主枝から分岐する枝よりも常に強く保ちます。

●同側枝、車枝は先端部を弱らせる

図3-9に示したように、片側に連続して枝を残すことを同側枝と呼びます。また、近接して左右に配置された枝を車枝と呼びます。このような枝の配置では先端の勢力を弱らせてしまいます。そのため、枝は交互に一定の間隔をとって配置することが重要です。

●新梢が多い側枝ほど強勢になる

先端部と枝数(芽数)が同じくらいの側枝は、側枝のほうが強勢になりやす

自然形長梢剪定

図3-8　X字型整枝の基本樹形

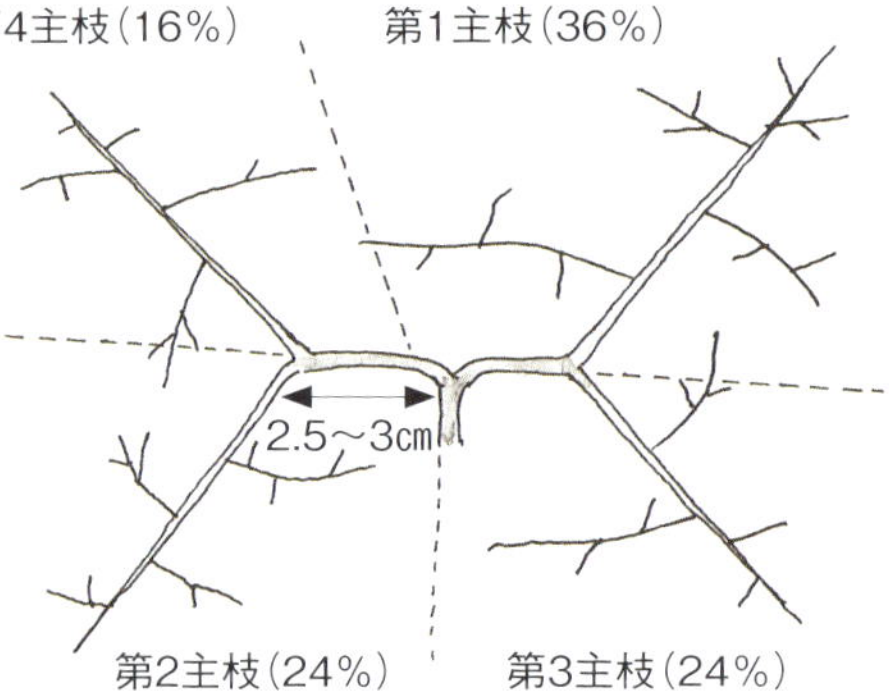

注:土屋長男原図より(%は占有割合)

図3-9　同側枝と車枝の影響(模式図)

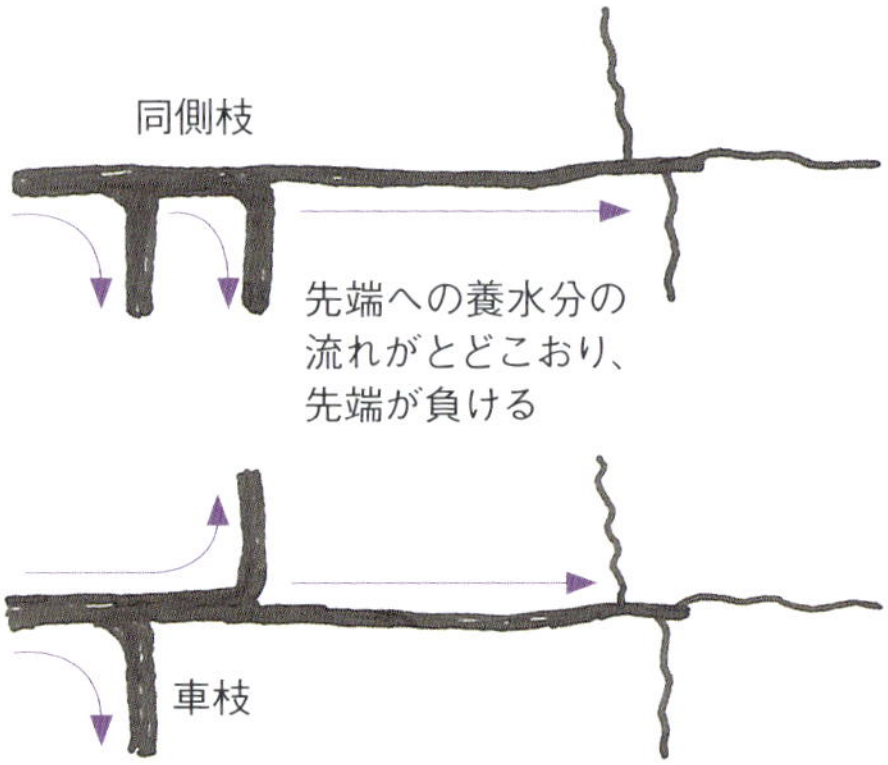

図3－10　結果母枝の間引き

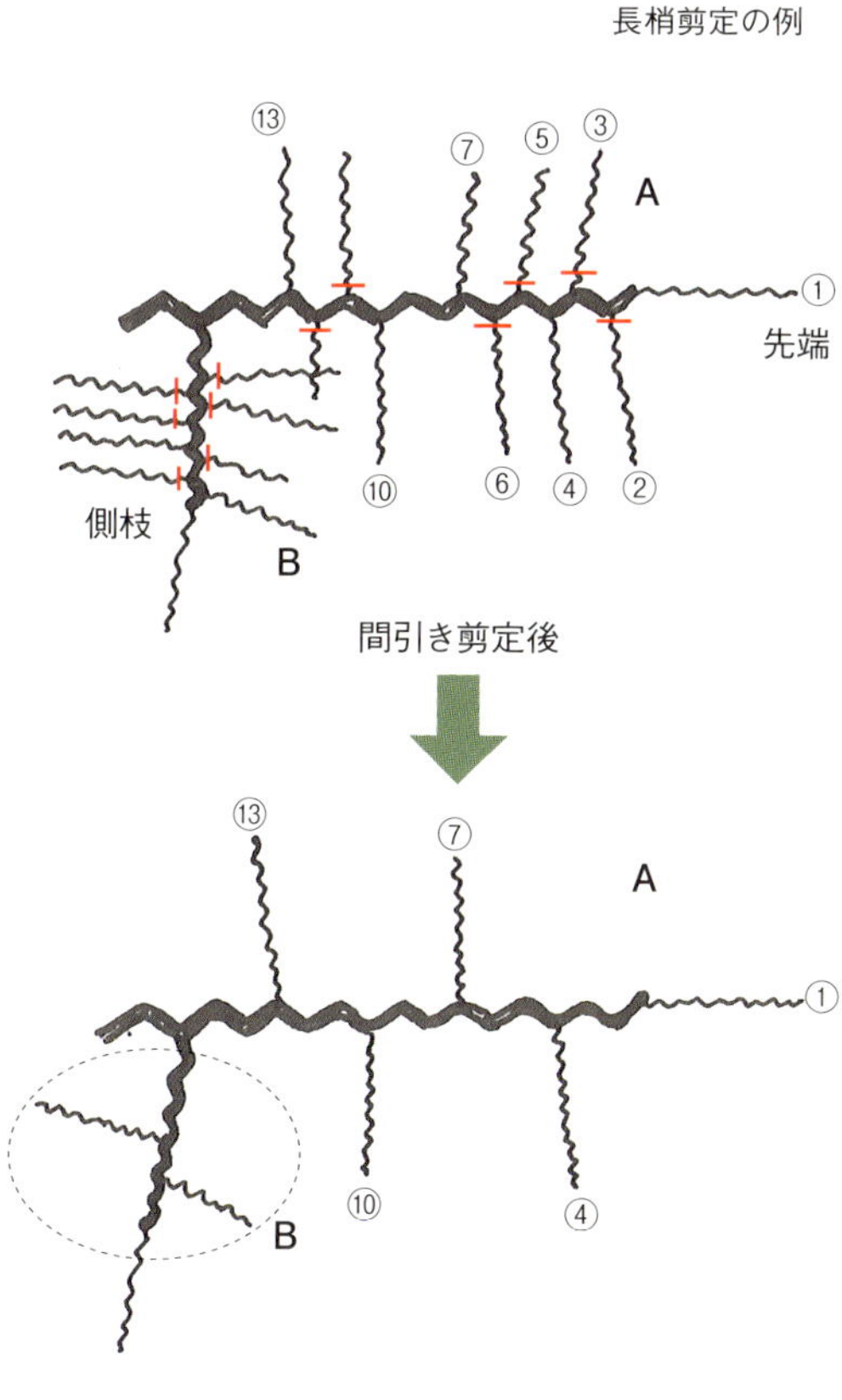

注：側枝の枝数も先端部（A）の３分の２以下にする

く、芽数は先端部よりも少なくします。

●基部に近いほど強勢になる

主幹に近い枝ほど根からの距離も近いため養水分が供給されやすく、強勢になりやすい特性があります。このため、主幹に近い部位に大きな側枝を配置すると、先端部が衰えてしまうので、剪定の際には、側枝をあまり大きくしないことが肝要です。特にシャインマスカットは主幹に近い枝が強くなる傾向があるので注意が必要です。

●先端に向かう枝ほど強くなる

先端の方向に向いた結果母枝は強勢になりやすいので、剪定の際には、できるだけ残さないようにします。ただし、枝の配置上残す必要がある場合は、なるべく弱めの結果母枝を残すようにします。

●空間をゆったりと確保する

ブドウでは結果母枝から発生した新梢の途中に果房が着きます。このため、新梢が伸びて果房が着いた状態を想像しながら剪定作業を行う必要があります。シャインマスカットは発芽がよい品種なので新梢のスペースをゆったり確保してください。

結果母枝の剪定

図3－10のように、先端の結果母枝は10～15芽程度に切り詰め、先端から2番目と3番目に発生している結果母枝は間引き、④の新梢を5～10芽程度に切り詰め残します。

さらに⑤、⑥を間引き⑦を残します。さらに2本を間引き、⑩を残します。側枝のBの部分の剪定も先端を残し、2本程度残す方法で切っていきます。このとき、Bの部分の枝数が多いと、先端のAの部分が負け枝になってしまい、よい果房が生産できなくなるので、Bの枝数はAの3分の2以下に剪定します。

芽が揃い健全に生育し、登熟のよい結果母枝の剪定は、前述のとおりですが、樹勢やその年の天候などにより、芽の充実が不揃いになった枝は生育がバラつく場合もあるので、以下の点に留意して剪定を行ってください。

●残す枝を選ぶ

節間が詰まっていて徒長していない枝を優先的に残します。枝を切ってみて断面が円形に近く、髄の部分が小さいものがよい枝です。切ってみてスカスカになって枯れ込んでいる枝や登熟が不良な枝は、残しておいても発芽しませんので、たとえよい部位にあっても、切除します。

●長く伸びた結果母枝は短く切り詰めない

長く伸びた結果母枝（休眠枝）を短く切り詰めて芽数を少なくすると、残った芽に養分が集中しすぎて発生した新梢が勢いよく伸びます。強過ぎる新梢にはよい果房は着きません。

●短い結果母枝は短く切る

短く細い結果母枝を長めに残すと、残した芽から発生する新梢は短く弱いものになります。樹冠も広がらず、樹は衰えてしまいます。

●古い枝は更新する

古い枝はなるべく新しい枝に更新します。古い枝からは新梢が発生しないので、養分を消費するだけの器官になります。

太い枝を切るとスペースが埋まるかどうか不安になりますが、1～2年で新しい枝に埋まりますので心配はいりません。

長梢剪定棚仕立て（1年生）

①長梢剪定の前　②長梢剪定を終了

長梢剪定棚仕立て（3年生）

①長梢剪定の前　②長梢剪定を終了

X字型整枝の年次別管理

図３－11　長梢剪定（棚）の剪定後の樹姿

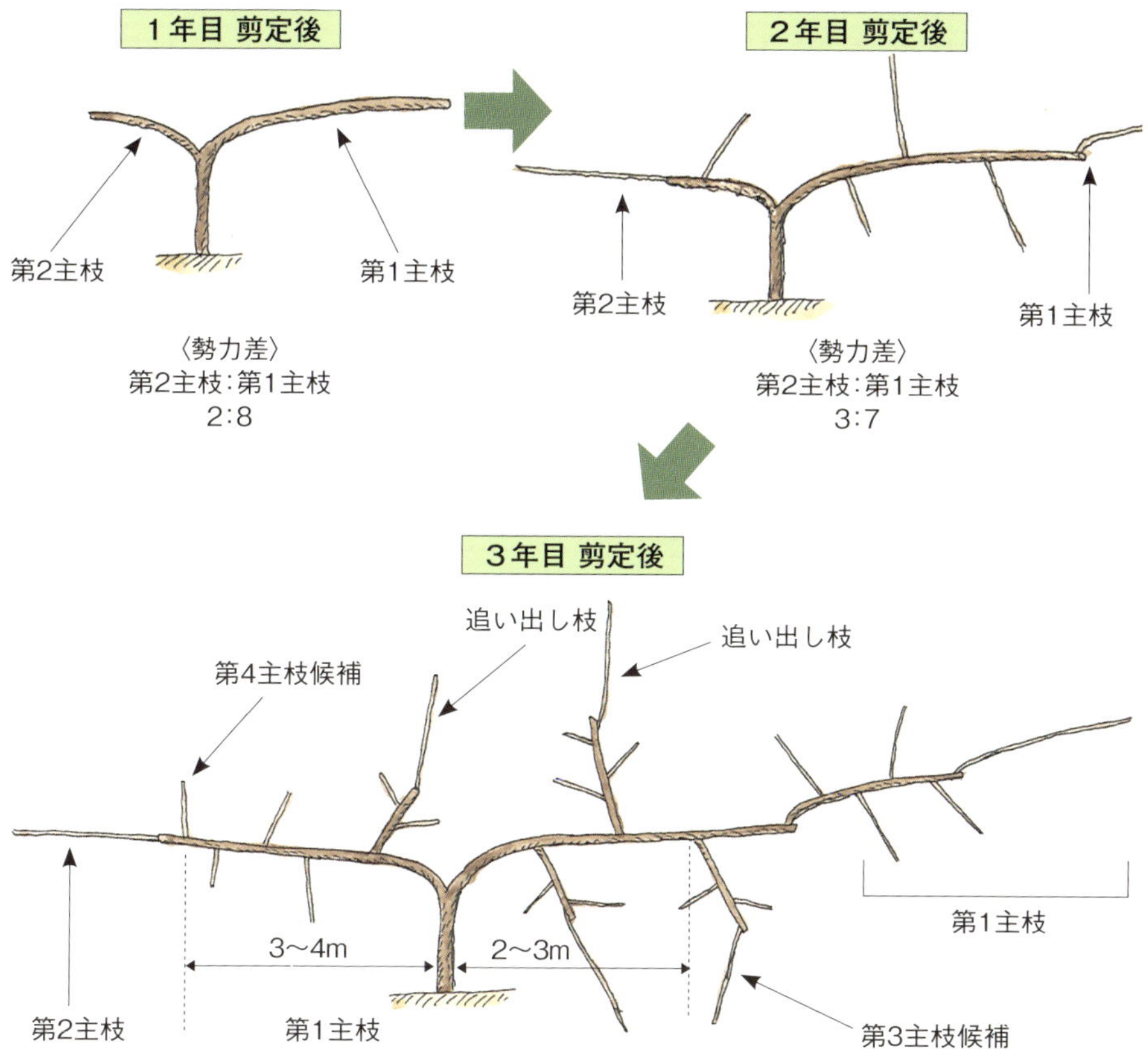

1年目

新梢が旺盛に生育して棚上に２ｍ以上伸びている場合には、３分の２程度残して切り詰めます（**図３－11**）。

棚下30～50㎝の部位から発生している副梢を第２主枝としますが、第１主枝との勢力差を８：２程度とします。

剪定後に第１主枝が棚上に１ｍ程度しか残せなかった場合は、副梢は切除します。第２主枝は翌年に伸びた新梢を使います。新梢が伸びたものの十分に生育しなかった場合には、棚下で１ｍ程度の長さに切り詰めて、翌年に強めの新梢を発生させて使います。

2年目

主枝の延長枝は強さに応じて２分の１から３分の２程度残して切り詰めます。その他の結果母枝は、主枝先端の結果母枝よりも強い枝は切除し、基本的に２芽おきに交互に残します。

なお、副梢は種あり栽培で樹勢を落ち着かせたい場合以外には基本的には用いません。

3～4年目

第3主枝と第4主枝の候補となる枝を決め、育成する時期となります。第1主枝側に第3主枝を、第2主枝側に第4主枝を配置します。第4主枝を分岐させる位置は主幹から3～4m離れた位置に取り、第3主枝の分岐よりも遠い位置とします。各主枝の先端の勢力を保つため、競合するような強い枝は配置しないようにします。

主幹から第3、第4主枝の分岐までの間にある枝は将来、樹形が完成したら切除してなくなることになりますが、強剪定を避けるため数年間は追い出し枝として使います。

この年代では第1主枝側と第2主枝側の勢力差（芽数の差）は7：3程度とします。

剪定後の長梢剪定樹

長梢剪定仕立ての結実状況

5～6年目以降

各主枝に多くの亜主枝候補や側枝が配置されてきます。主枝間の勢力差を保つため、第1主枝よりも第3主枝の芽数を、第2主枝よりも第4主枝の芽数を少なくします。各主枝の目標とする占有割合（勢力差）としては第1主枝が36%、第2主枝と第3主枝がそれぞれ24%、第4主枝が16%とします（**図3−8**）。

各主枝に配置される亜主枝は将来残す枝ですが、側枝は長大化しないように管理します。

樹形完成以降

主枝、亜主枝が確立されて、ほぼ樹形が完成されます。樹冠を維持し適正な樹勢を保つように（現状維持の）剪定を行います。

具体的には、側枝の長大化や黒づる（結果母枝以外の旧年枝）の増加を防ぐため、切り返し剪定を基本にして、樹形を維持、管理します。

第4章

生育サイクルと管理・作業

新梢誘引

年間生育サイクルと作業暦

シャインマスカットの生育状態と主な栽培管理・作業を65～64頁の**図4ー1**と併せて紹介します。

発芽・展葉期

春先、枝の切り口から樹液がぽたぽたとしみ出てきます。これは、ブリーディング（溢泌《いっぴつ》）といって、地温の上昇により根が水分を吸収し幹や枝に送られるために起こります。

ブリーディング

その後、芽が膨らみ、気温が上がってくると発芽してきます。発芽後、新梢が伸び、それに伴って葉が次々と展開してきます。葉が4～5枚展開すると花穂が現れてきます。

シャインマスカットは巨峰系4倍体品種や甲州、ロザリオビアンコなどと比較すると、発芽率は高く揃いもよい品種です。発芽から展葉7枚目頃までは、前年に枝や幹、根に蓄えられた貯蔵養分によって生育し、貯蔵養分が多い健全な樹では発芽の揃いもよく、生育も良好になります。

真珠玉は球状の分泌液

新梢伸長期

発芽後は新梢が伸び続けます。樹の栄養状態や前年の剪定の良し悪しが、枝の伸び具合に反映しますので、この時期の新梢を観察することで、好適な樹相かどうかが診断できます。細くて短い新梢や逆に強勢な新梢は、結実が不安定で果実品質もよくありません。

先述のようにシャインマスカットは発芽の揃いがよいので、先端側の新梢が負けないように長梢剪定樹ではこの時期に基部の芽かきをしっかりと行うことが肝要です。

開花・結実期

葉が12～13枚に展葉する頃に、開花が始まります。樹の栄養状態がよく、勢力が適度な新梢には1～2花穂が着生し、花数も多く、花穂全体が大きく

花穂が着生し、大きくなる

なります。正常な樹体では花冠（キャップ）がとれて、開花となります。

シャインマスカットの花穂は巨峰やピオーネに比べやや大きめですが、副穂は着きにくいです。なお、未開花症（後述）のような異常な花穂が見られた場合は、花穂上部の支梗《しこう》を使って房づくりを行います。

花振るい性（花冠がとれずに受粉・受精しないで落花する現象）は巨峰系4倍体品種に比べ少ないですが、房づくり作業が遅れた場合や開花期の気温が低い年には花振るいが発生することがあります。開花期前後の時期は房づくりとジベレリン処理をこの期間に行わなければならず、1年で最も忙しい時期になります。

結実・肥大した果房

果粒肥大期

開花期以降、シャインマスカットも含めブドウの果粒の発育は二重S字曲線を示します。

開花期以降、30～40日で急激に肥大する時期を果粒肥大第Ⅰ期、その後の2週間程度、果粒の肥大が停滞する時期がありますが、この時期を果粒肥大第Ⅱ期と呼びます。

第Ⅱ期が終わると果粒が急速に軟化します。この第Ⅱ期と第Ⅲ期との境にある果粒軟化期はベレゾーン（水まわり）と呼ばれています。ベレゾーン以降の第Ⅲ期は糖の蓄積と有機酸の減少が進んでいきます。シャインマスカットは他の品種と比較して、ベレゾーン以降の第Ⅲ期に果粒肥大する傾向があります。

果実成熟期

ベレゾーン以降、糖の蓄積が進み、有機酸は減少し、成熟期になると品種特有のマスカット香を呈してきます。収穫期の目安は、各産地で定められていますが、おおむね糖度で18度を超えた時期が収穫適期と判断されています。なお、酸含量が低い品種なので、糖度を目安に収穫します。

成熟期後半に曇雨天が続く場合は、糖度の上昇が停滞する傾向がありま

主な栽培管理・作業

（山梨県の露地栽培を基に作成）

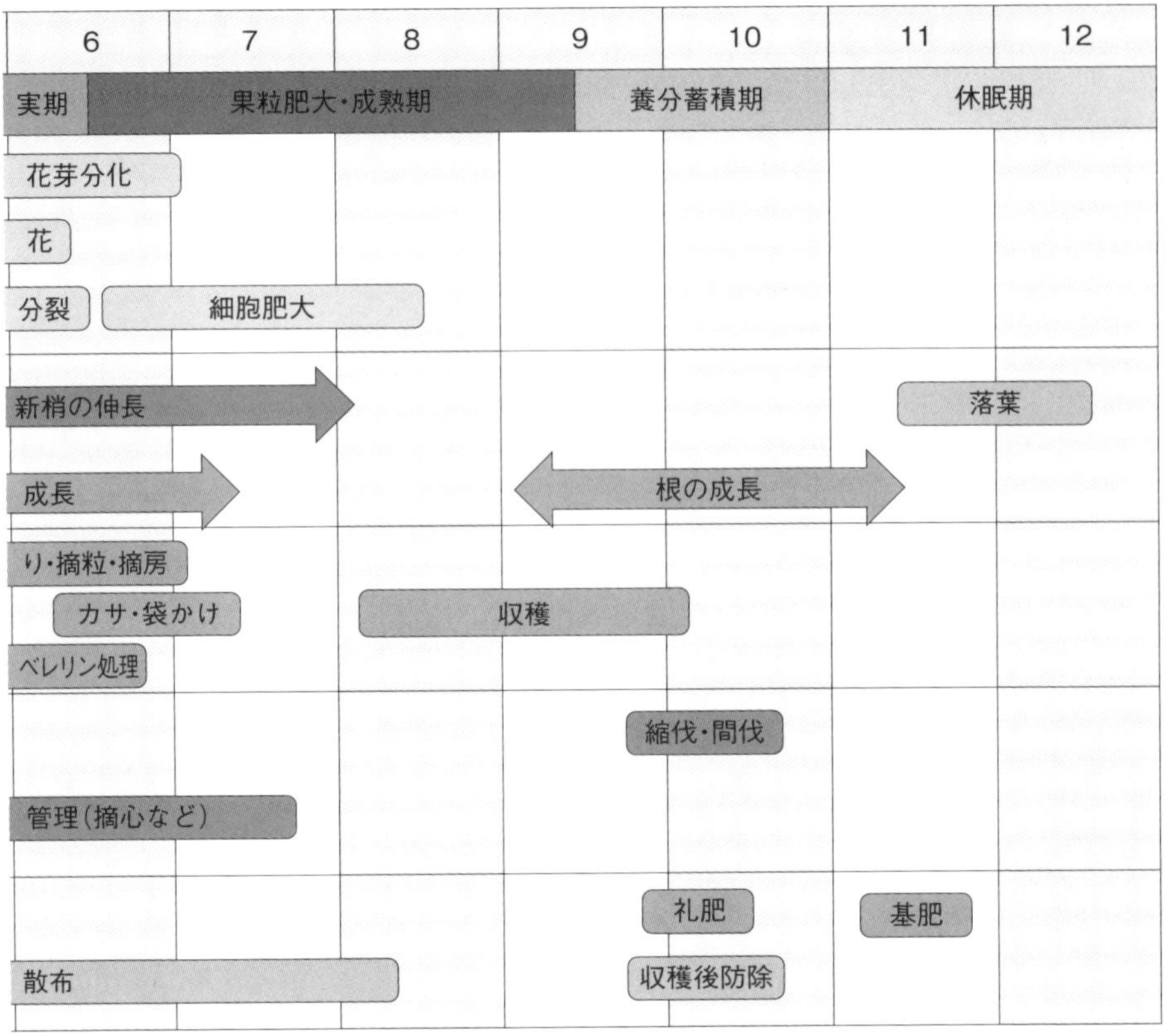

なっている

す。また、着果過多、新梢の徒長などは、果実への養分転流が少なくなって品質を低下させてしまうので、着果管理や新梢管理は重要となります。

なお、この時期には、新梢の伸びが止まっている状態が理想です。もしも新梢が伸び続けているような樹相であれば、来年に向けて施肥量や剪定量などを見直す必要があります。

養分蓄積・休眠期

収穫後も葉は光合成を行っており、枝や幹、根に養分を蓄えています。この貯蔵養分が多く蓄えられた樹は耐寒性が強くなり、来年の初期生育も良好になります。

このため、収穫後も、早期落葉させず健全な葉を保つような管理が重要となります。健全な樹では気温の低下とともに葉は黄変し一斉に落葉します。

気温低下とともに樹は休眠期に入り

図４−１　シャインマスカットの生育と

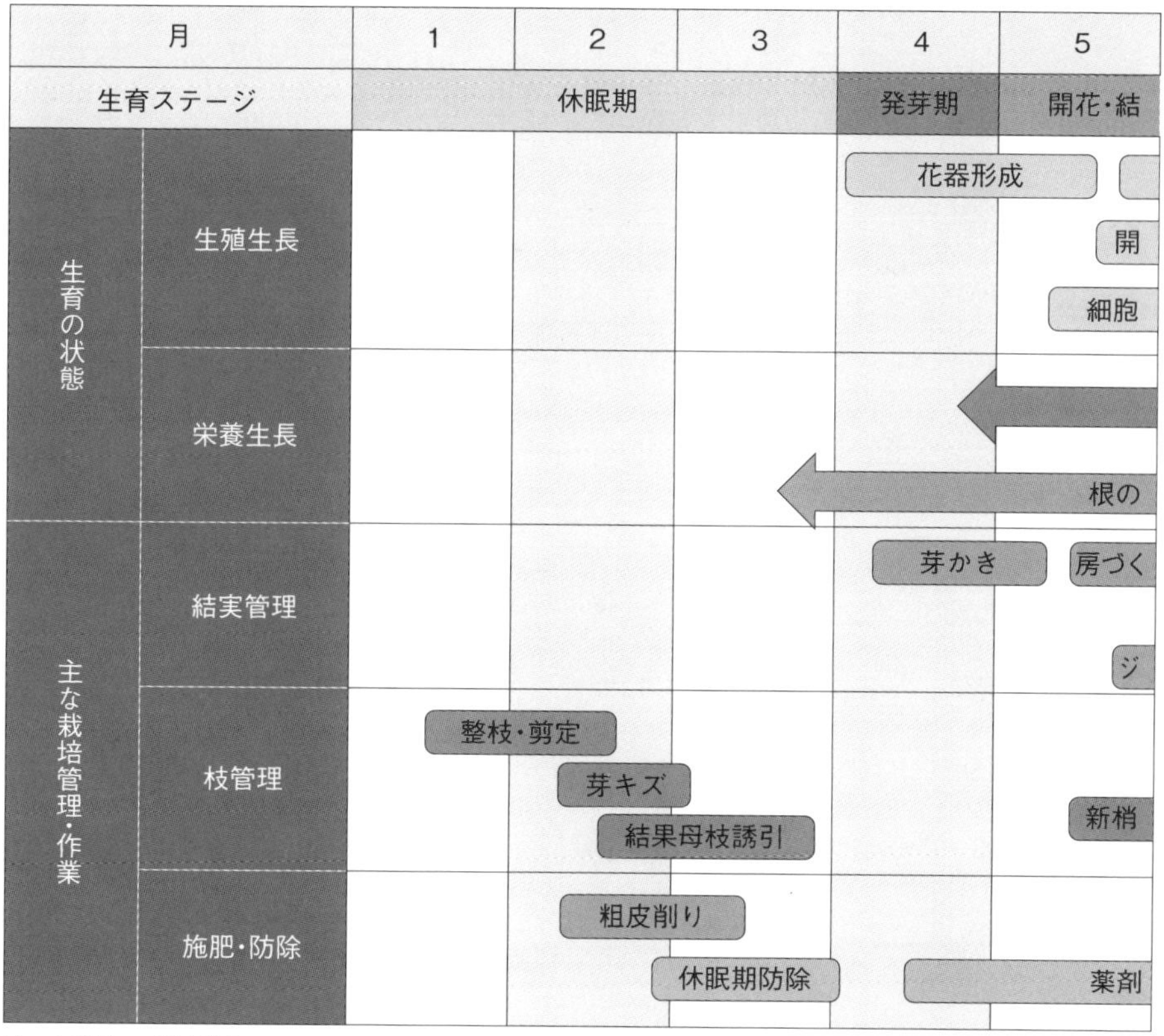

注：①近年の経済栽培では、ジベレリン処理時にフルメット液剤との併用処理が行われている
　　②有色袋かけなどによる収穫期延長技術や長期貯蔵技術の導入によって、出荷時期が12月上旬までに

ますが、この時期は自発休眠という状態になり、ある程度の低温に遭遇しないと翌年に発芽しません。日本国内では低温遭遇時間は十分にとれるのですが、暖かい地域や加温ハウス栽培では、この低温遭遇時間が重要です。

休眠期は時間的な余裕があるので、基肥の施用や土壌改良、来年に向けての整枝・剪定を行います。

また、越冬病害虫の防除のため、棚についた巻きひげの除去や粗皮削りなども行います。なお、寒い地域では、凍寒害防止のため樹幹へのわら巻きなどの防寒対策も行っておきます。

落葉し、休眠期に入る

発芽・展葉期の芽かき

芽かきの時期と方法

芽かきは樹勢の調節や新梢の勢力を揃えることを目的に、発芽した芽や新梢をかき取る作業です。シャインマスカットは発芽がよい品種ですが、発芽した新梢をすべて残しておくと、新梢が込み合って受光態勢が悪くなったり、栄養が分散してよい果実が得られなくなります。

樹勢の調節は冬季の剪定によってなされているはずですが、実際には冬季剪定だけでは適正な樹相に導くことができない場合が多く見られます。このため、弱い新梢や強過ぎる新梢をかき取り、新梢の勢いを揃える芽かき作業を行います。

休眠枝の主芽（上）と副芽（下）

ちなみに、ブドウは展葉7枚前後までは、前年の貯蔵養分で生育していますので、早い時期の芽かきは、養分の浪費を防いで生育を促進させる効果があります。ただし、芽かきを一挙に行うと、残った新梢が徒長し、花振るいや果実品質の低下を招くおそれがあるので、新梢の勢いを見ながら、2~3回に分けて行います。

長梢剪定樹の芽かき

作業の効率化と高品質化のため、ジベレリン処理時に新梢の生育を揃えることが必要となります。このような点を念頭に芽かき作業を行います。

1回目の芽かきは展葉2~3枚の頃に新梢の初期生育を促すために、不定芽や副芽、基芽《きが》をかきます。不定芽とは、結果母枝の芽以外の部分から発生する芽のことで、枝を間引いた基部や旧年枝の節部から発生します。

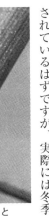

不定芽を残しておくと、非常に強く伸び、樹形を乱すのでかき取るようにします。副芽を残すと主芽の生育を妨げるので、早めにかき取ります。さらに結果母枝の基部から発生する2~3芽（基芽）は残しておくと、受光態勢や作業性に影響するので、早めにかき取るようにします（**図4－2**）。

2回目は展葉6~8枚の時期に、花穂を持たない新梢や、極端に強い新梢や弱い新梢を中心に整理し、新梢の勢力を揃えるようにします。これ以降は新梢の込み具合を考慮して必要に応じて芽かきを行いますが、種なし栽培で

芽かき（新梢かき取り）

芽かきの実施前（短梢剪定樹）

芽かき（新梢かき取り）の終了後

図4−2　芽かきのポイント

1回目の芽かき

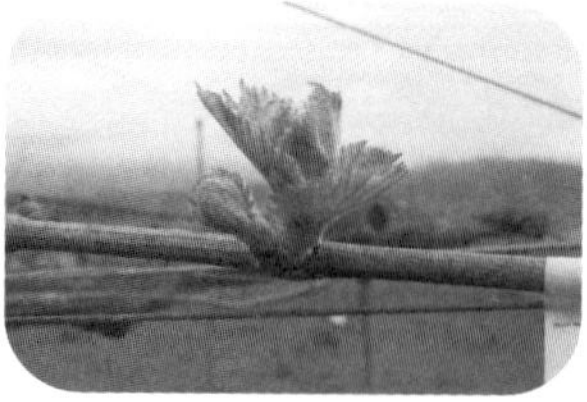

2〜3枚が展葉したら主芽だけ残し、副芽はかき取る

左が副芽

基部の
2〜3芽をかく

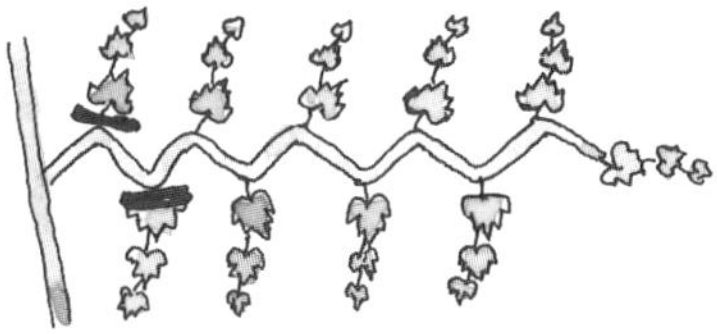

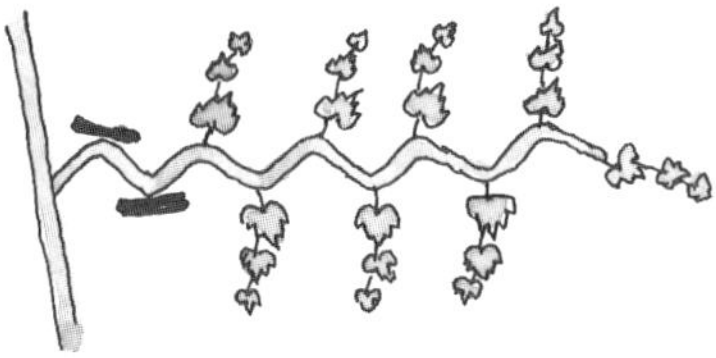

は結実確保の心配も少ないので2回目までに終わらせるようにします。

短梢剪定樹の芽かき

長梢剪定樹と比較して、樹勢が強いので作業は長梢剪定樹より遅らせるのもよいでしょう。展葉5枚時頃には花穂の良否が判断できるので、水平に発生している芽を残し、下向きや上向きなどの芽はかき取ります。

最終的には1芽座1新梢にしますが、強風や誘引の際の欠損を考慮して最終新梢数の2割増し程度を残すようにします。新梢が折れにくくなった開花前に誘引を行いますが、この際に1芽座1新梢に揃えます。

なお、一つの芽から同じ勢力の2本の新梢が発生している場合は、なるべく早く1本にしますが、このとき指でかき取るよりもハサミで切り取ると残った新梢は欠けにくくなります。

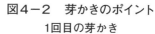

新梢伸長期の誘引

新梢誘引

誘引の目的と方法

発芽した新梢は結果母枝からV字型に上方へ伸びますが、伸びた新梢をそのままにしておくと、風で折れたり棚に巻きついたりしてジャングル状態になってしまいます。そうなる前に棚面へバランスよく新梢を結束する作業を誘引といいます。

テープナーで新梢をとめる（上）
とめた後の状態（下）

誘引の目的

誘引は、新梢を均一に棚面に配置することで、葉の受光態勢を良好にし、品質の高いブドウを生産するための必須作業です。新梢勢力の調整や樹形の確立のためにも重要な作業です。

最初の誘引は展葉7～8枚時に、芽かきと併せて実施。このとき、無理に結束すると基部から折れてしまうので、誘引が可能な長い新梢から、数回に分けて行います。勢力が強く太い新梢や立ち上がった新梢は、基部を捻枝すると折れずに誘引できます。また、風の強い地域では、強風による新梢の欠損を防ぐため、誘引は急がず新梢基部が硬くなってから行います。

結束する部位

結束する部位は、新梢先端の軟らかい部分ではなく、ある程度硬くなった部位を選び、緩めに結束します。一度誘引した新梢も、その後も伸び続けるので、必要に応じてふたたび誘引します。なお、50cm以下で伸びが止まる短い新梢は、無理に誘引せずそのまま立たせておくと、棚面が暗くならずに光を有効に利用できます。

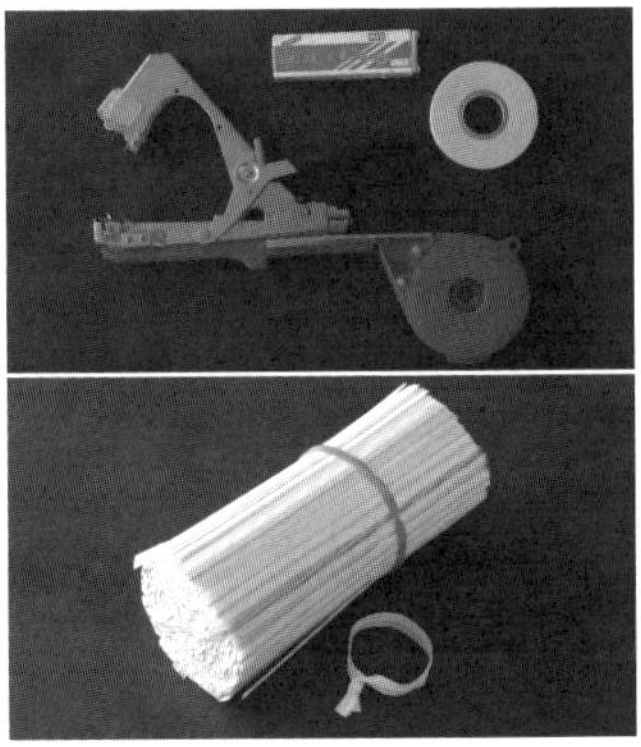
誘引器（テープナー、写真上）とバインドタイ（結束バンド）

長梢剪定樹の誘引

誘引の方向は新梢同士が重ならないように、結果母枝の先端にある伸ばしたい枝はまっすぐに、伸びを抑えたい枝は結果母枝に対して直角方向に誘引します。結果母枝と新梢の誘引角度ですが、狭くなるほど新梢は旺盛に伸びます。強く伸ばしたい新梢は結果母枝との角度は狭く、逆に伸びを抑えたい場合には結果母枝との角度を大きくとり、結果母枝の基部のほうに返すように誘引します（**図４－３**）。

棚面や地面への透過光を確認しながら、新梢同士がクロスしないようにバランスよく誘引します。最終的な新梢数の目安は10ａ当たり６０００本程度です。

図４－３　長梢剪定樹の誘引

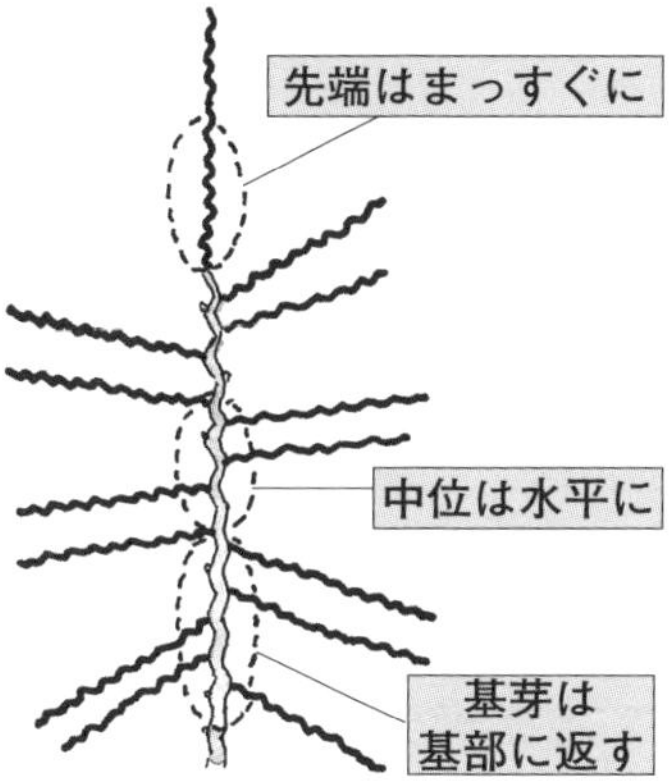

短梢剪定樹の誘引

20㎝に1本の新梢を配置

房づくり作業の前までに芽座から発生した新梢は主枝と直角になるように誘引します。主枝長20㎝に１本の新梢を配置するように、最終的な芽かきもかねて行います（**図４－４**）。

図４－４　短梢剪定樹の誘引

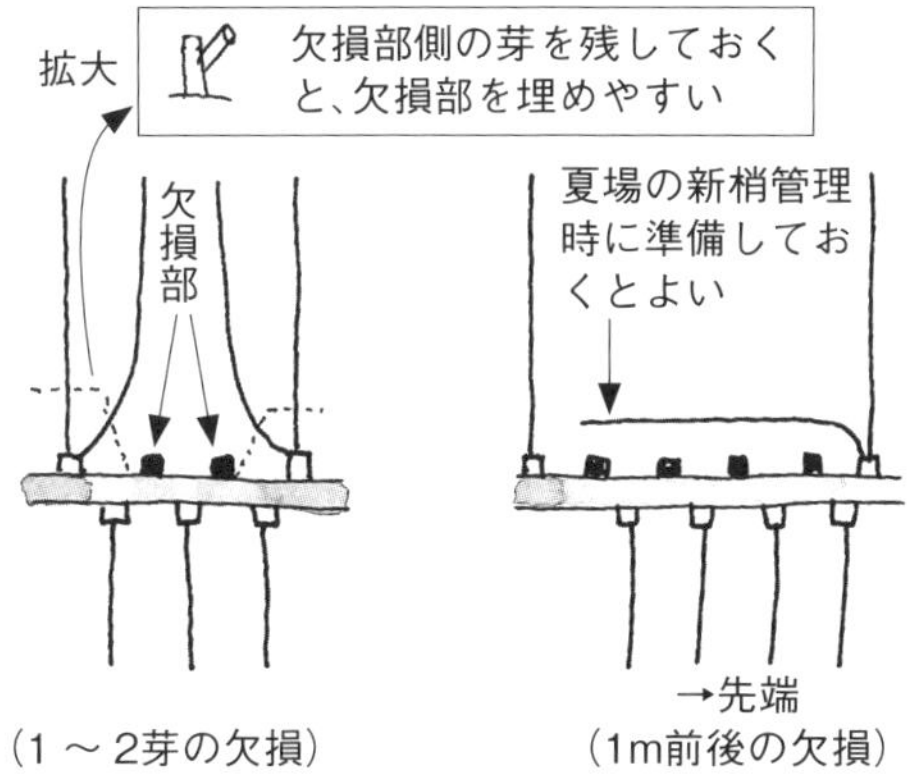

欠損が生じた場合、近くの新梢を緩やかに曲げてスペースを補うようにします。長く伸びた新梢から順次誘引。隣り合う新梢や反対方向から伸びた新梢が交差すると棚面が暗くなるので、交差しないように気をつけます。

誘引の時期が早いと新梢が折れることが多く、一方、作業時期が遅れると、新梢が絡まって作業が非効率になるのでタイミングよく行います。

伸長の早い新梢から誘引を行い、伸長の遅れた新梢は十分に伸長するまで待ってから行います。長梢剪定樹の場合と同様に、棚面や地面に透過光が当たるように新梢同士がクロスしないようにします。

新梢の誘引位置

西日本の産地では新梢を途中から棚下に下げる方法がとられていますが、

新梢を棚に誘引

山梨県などでは棚下に垂らさずに棚上に誘引する方法が採用されています。

どちらの方法も一長一短あると思いますが、栽培規模が大きい産地では、乗用草刈り機やＳＳ（スピードスプレーヤー）の運行に妨げにならない「山梨方式」が採用されているようです。最終的な新梢数は10ａ当たり５０００本程度が目安となります。

新梢の摘心と副梢処理

摘心の目的と方法

摘心の目的

摘心とは、伸びている新梢の先端を切除する作業です。開花直前に摘心を行うと、新梢の伸びが抑えられて、養分が一時的に花穂に転流するので、結実が良好になり果粒肥大も促します。また、長く伸びた新梢を止めることで、短い新梢の生長が追いつき生育が揃う効果もあります。

新梢の生育が揃うと、以降の房づくりやジベレリン処理といった作業が効率的になり、果実品質も揃うようになります。高品質な果実を生産するための重要な作業なので、必ず行うようにします。

摘心の方法

強い伸びの新梢が対象

摘心は、すべての新梢に対して行うのではなく、強く伸びている新梢に対してのみ行います。

シャインマスカットでは、開花始め期の新梢長が１００cm程度が適正な樹相です。開花始め時に、それ以上伸びている新梢は先端を切除します（72頁の**図４－５**）。これより短い新梢は摘心を遅らせ、ジベレリン処理後に新梢の先端を止めるよう摘心します。

表４－１に開花始め期の摘心処理が果粒肥大に及ぼす影響を示しました。摘心を行わなかった区に比べ、摘心したいずれの区の未展葉部分、房先６節、房先３節も果粒肥大が大幅に促進

**表4－1　開花始め期における摘心節位の違いが
シャインマスカットの果実品質に及ぼす影響**

試験樹	摘心節位	葉数^{z}（枚/新梢）	果房重（g）	着粒数（粒/房）	果粒重（g）	糖度（°Brix）	酸含量（g/100mℓ）
試験樹1	未展葉部	12～13	473	33.2	14.1	22.0	0.26
	房先6節	10～11	542	36.4	14.8	21.6	0.28
	房先3節	7～8	526	34.0	15.1	21.5	0.27
	無摘心	12～13	464	35.8	12.3	22.7	0.26
試験樹2	未展葉部	12～13	478	36.4	13.5	19.0	0.38
	房先6節	10～11	466	33.2	13.9	19.0	0.40
	房先3節	7～8	497	33.1	15.3	18.6	0.38
	無摘心	12～13	456	37.0	12.5	19.3	0.37

注：① ^{z}摘心後に残る葉数　② 2012　山梨果試

新梢の摘心

摘心前の状態　　摘心後の状態

されました。特に房先6節、房先3節で摘心した区ではより果粒肥大が優れる傾向が見られました。

摘心のポイント

長梢剪定樹では、房先3節を残して摘心すると、剪定時に十分な芽数が確保できないので、房先6節を残す摘心を行うようにします。

一方、短梢剪定樹では、長梢剪定樹と同様に房先6節を残す摘心が基本ですが、樹齢が若く果粒肥大が不足するような状況では房先3節を残して切除する方法もあります。

なお、長梢剪定樹、短梢剪定樹とも樹冠拡大中の樹では、開花時には主枝延長枝の摘心は行わず、葉数20枚程度を確保した時点で、先端を軽く摘心します。

また、作業の集中や遅れから開花始め期に摘心ができなかった場合を想定して、摘心の時期を遅らせて果粒肥大

図4－5　新梢の摘心と巻きひげの処理

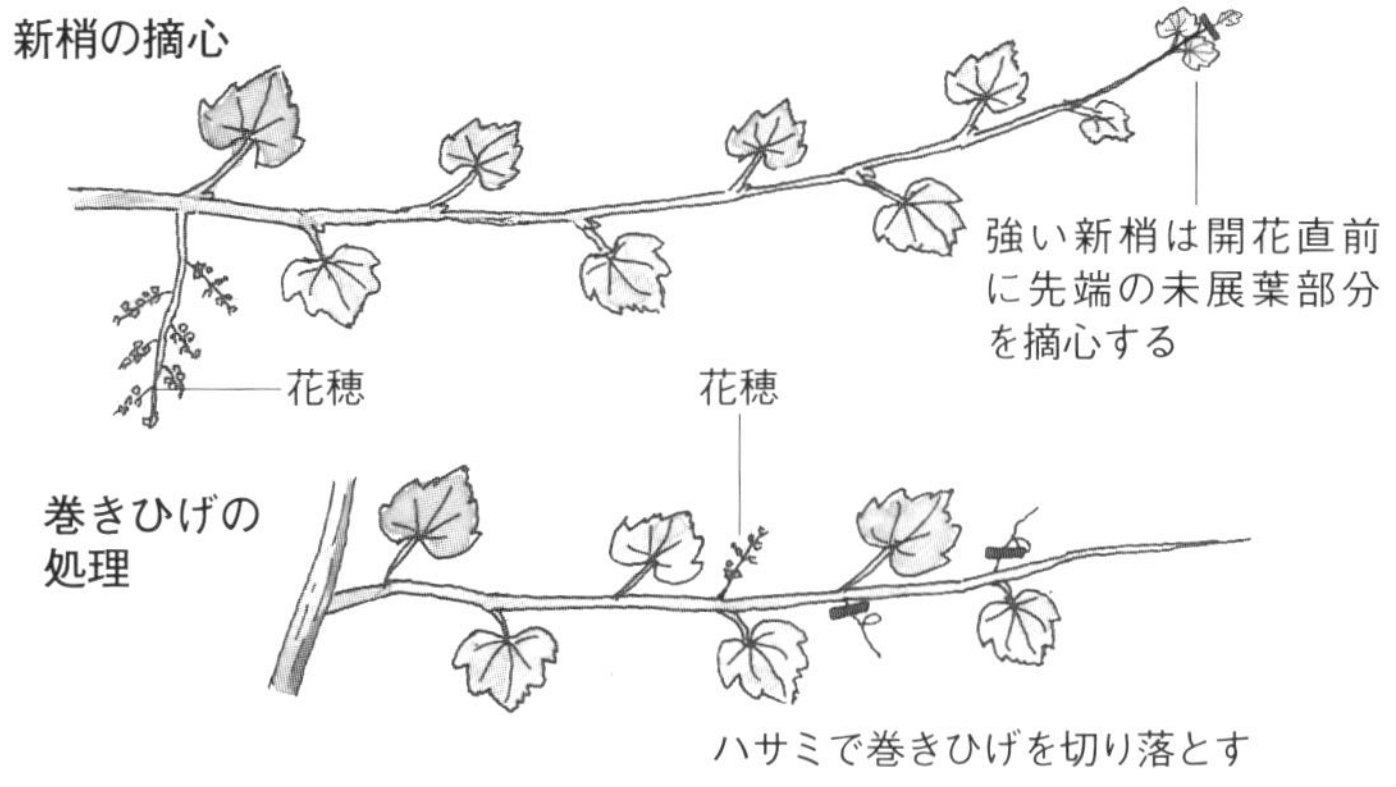
新梢の摘心
強い新梢は開花直前に先端の未展葉部分を摘心する
花穂
花穂
巻きひげの処理
ハサミで巻きひげを切り落とす

効果を検討したところ、満開期までに房先6枚を残す摘心を行うと十分な果粒肥大効果が得られます。さらに、開花始め期から約3週間後の摘粒直後の処理でも一定の効果が得られることも確認できました。

摘心作業が遅れても、なるべく早い時期に摘心を行うとよいでしょう。満開期以降では軽い摘心よりも強めの摘心のほうが効果が高いようです。

摘心の留意点

留意点としては、強めに摘心を行うと副梢が発生してきます。新梢をさらに伸長させたい場合、摘心した部位から発生する先端の副梢は、そのまままっすぐ誘引します。

そのほかの節から発生した副梢で強く伸びる副梢は、葉を3枚程度残して摘心します。立ったまま伸びが止まるような副梢は、そのままにしておき葉面積を確保します。

なお、果粒肥大が促進されることで大房・着果過多の傾向が強くなるため、糖度の上昇が遅れることが心配されます。房の大きさを見ながら適正な収量を順守してください。

摘心

摘心前の状態（上）、摘心（中）、摘心後（下）

副梢と巻きひげの取り扱い

適度な樹勢の新梢からは、副梢が発生してきます。副梢の伸びが弱く、数枚展葉したところで伸長を停止するような場合は、そのまま放任しておいて葉面積を稼ぎます。

特に果房と同側（果房の前後）の副梢の葉は、同化産物が果房に転流しやすく果房の発育に大いに貢献する有益な葉ですので、むやみに切除しないよう気をつけます。

副梢の先を切除

伸びた副梢の先を切除

一方、副梢が長く伸びて棚面を暗くするような場合は、副梢の葉を2～3枚残してその先を切除します。しばらくしてまた発生してくるようでしたら、ふたたび基部の葉を1枚残して切除します。

なお、果房の着色が始まってからも副梢が発生してくるようでしたら、窒素肥料の施し過ぎか、冬の剪定の切り過ぎなので、秋冬の施肥量や剪定程度を覚えておいて翌年から改善するようにします。

巻きひげを切り落とす

副梢の花穂も切除

ちなみに、副梢にも花穂が着き、果房になりますが、（二番なりなどと呼ばれている）、生育期間が短いためにおいしいブドウには育ちません。また、副梢に着いた花穂は病気が発生しやすく、本梢の果房と養分競合も起こしますので、副梢に着いた花穂は切除してください。

巻きひげの処理

新梢に展開された葉の反対側には、果房か巻きひげが着きます。巻きひげは、ブドウ自らがなにかにしがみつくために必要な器官ですが、しっかりと新梢誘引されていれば、巻きひげでしがみつく必要はありません。

巻きひげが伸びるために使われる多くの養分を有効活用するためにも、巻きひげを見つけたらできるだけ早くすべて切除します（**図4－5**）。

開花・結実期の摘房、房づくり

摘房の目安と方法

1新梢1花穂に

シャインマスカットの新梢には二つの花穂《かすい》が着生することが多いですが、生産現場では、着いた花穂すべてを利用するのではなく、1新梢1花穂に制限しています。

平面のブドウ棚では単位面積当たりの葉面積に限りがあり、単位葉面積あたりの光合成による同化量も決まってきます。同化産物は果房だけではなく枝や根や幹にも分配されます。このようなことを考慮すると、平棚において、経済栽培が安定して継続できる収量は10a当たり1・5〜2・0tが目安となります。シャインマスカットにおいては、**表4−2**のように目標果房重を500〜600gとした場合、10a当たりの3000房が最終的な着房数になります。

表4−2　シャインマスカットの収量調節

通常の大房果房の例　ᶻ7尺5寸間

目標果房重	目標収量
	10a当たり
500〜600g	1500〜1800kg

房数	1間ᶻ当たり（1.82㎡）	1坪当たり（3.3㎡）
10a当たり		
3000房	15房	10房

摘房の実際

果実品質については第1花穂と第2花穂に大きな差は認められないので、どちらか形のよいほうを房づくりします。実際の摘房（余分な房を取り除く）ですが、房づくり時に形がよくすらっとした花穂を房づくりした後、もう一方の花穂を落とします。

この時点では1新梢1花穂に調整さ

シャインマスカットの開花始め

新梢に多くの花穂が着く

図4－6　摘房のコツ

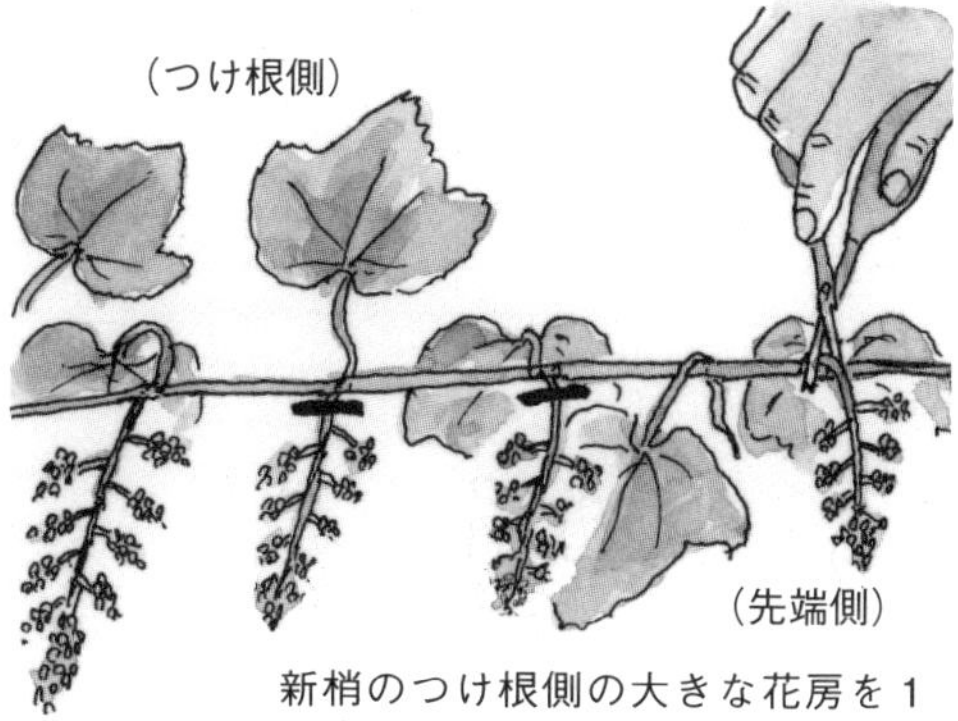

新梢のつけ根側の大きな花房を1房残し、ほかの花房は切り落とす

れていますが、目標とする着房数と比べるとまだ多い状況にあります。摘粒作業に入る前の、1回目のジベレリン処理後に房の長さ（軸長）を調整しますが、そのときに最終的な着房数に仕上げます（**図4－6**）。

　摘粒が終わった房は心情的にも摘房しにくくなりますので、このときに、形が悪い房、果粒が粗着な房、着粒が多く摘粒しにくい房、極端に弱い新梢に着く房などを摘房し、しっかりと最終着房数に調整します。

房づくりの目的

　房づくり（花穂整形）の目的は、花穂を切り詰めて蕾の数を制限することで蕾同士の養分競合を軽減して結実を安定させること、房型を整え商品性の高い房に仕上げることです。

　自然状態のブドウの花穂には数百から1000粒ほどの蕾がつきます。しかし、なにも手を加えないでいると、多くの蕾は結実せず開花期前後に落花してしまいます。このような現象は、蕾がフルイからポロポロと落ちる状態に似ていることから、前に述べたとおり花振るいと呼ばれています。

房づくりの作業

満開の花穂

　花振るいは、特に生食用の大粒品種ではしばしば起こる生理現象ですが、花ぶるいが激しく起こると、最終的には軸に数粒の果粒が残るだけで、みすぼらしい房になってしまいます。

　花振るいは、蕾同士や新梢伸長との養分競合が主な原因ですので、このような状態を引き起こさないような管理を行う必要があります。

　新梢との養分競合の回避について

図4－7　房づくり（切り詰め例）

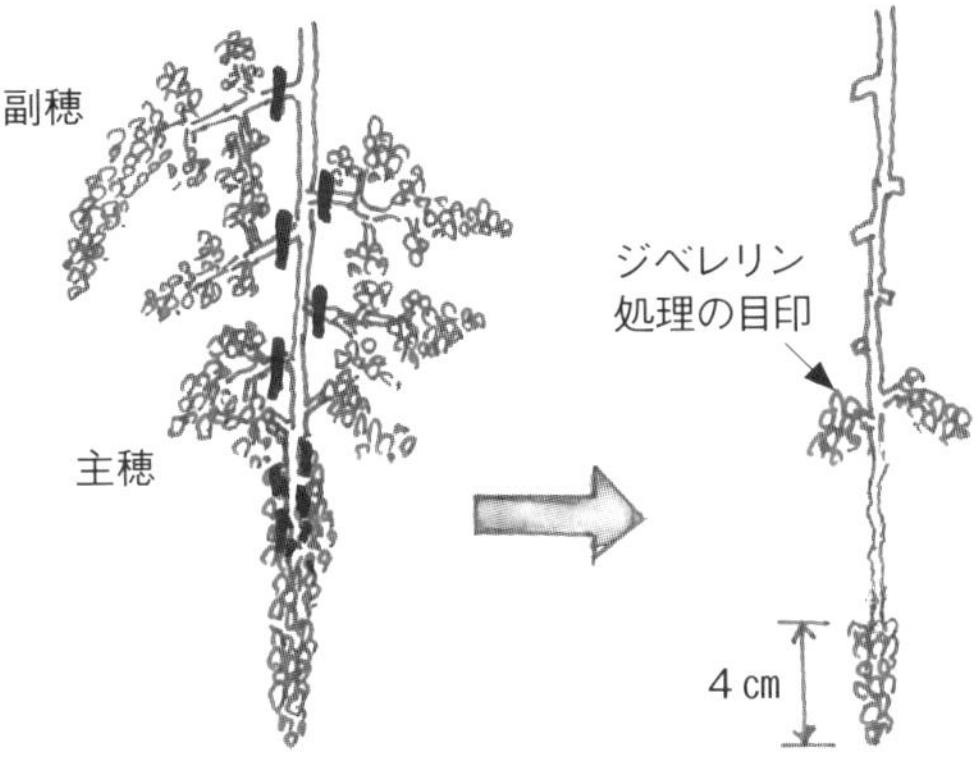

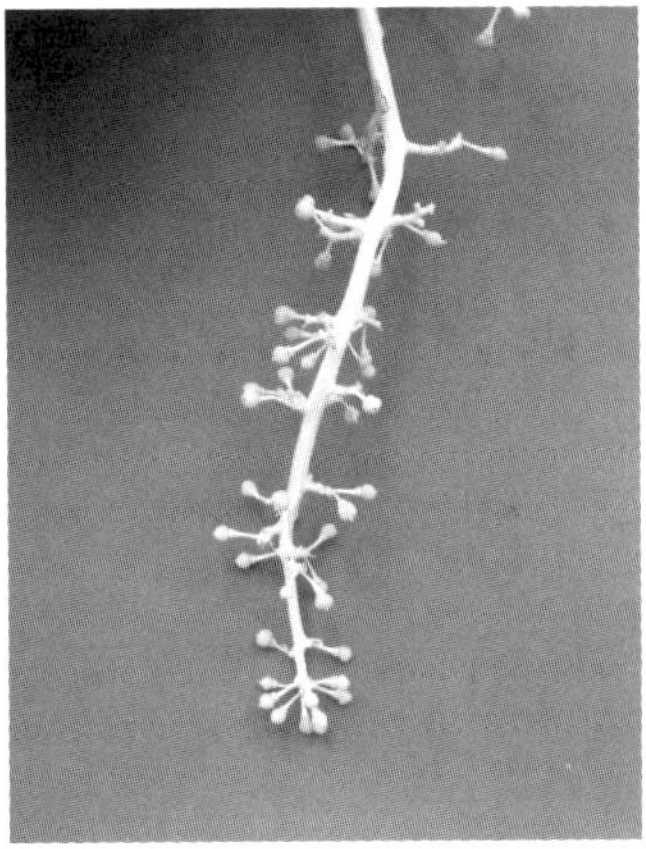
花振るい

は、先に記述したように摘心を行います。蕾同士の養分競合を回避するためには、房づくりは必須の作業となります。

房づくりのポイント

房づくりの時期

図4－7に示したように上部の支梗を切り落とし、花穂の下部4㎝を残します。「こんなに小さくして大丈夫なの？」と心配されるかもしれませんが、たった4㎝しか残さなくても、ジベレリン処理を行うと500～600gの立派な果房に仕上がります。

房づくり（花穂整形）の時期は花穂が十分に伸びきって1～2輪の花が咲き始めた頃が適期です。作業の都合上、この時期より早めに行う場合は、やや短めにつくらないと花穂が伸びて大房になりやすいので注意が必要です。シャインマスカットは房づくりが遅れると激しい花振るいを起こすことがあるので、作業は遅れないようにすることが重要です。

房づくり

房づくりの前

房づくり終了

図4−8　先端が分岐した花穂の房づくり

注：①のように先端を切除すると果房が横に張って、摘粒の手間が増える

なお、切り落とした房の上部にジベレリン処理の目印として小さな房（支《し》梗《こう》）を残しています。1回目処理で片側を、2回目処理で残りを切り落とします。一斉にジベレリン処理ができる場合は、その必要がありません。

房づくりの実際

作業は基本的にはハサミを使って支梗を切り落としますが、指で支梗をこすり上げる方法も行われています。この方法はハサミに比べ作業時間が大幅に短くなりますが、花穂を破損してしまうことや軸が褐変してしまうことに留意しなければなりません。

1回目のジベレリン処理は、満開になった花穂から処理していきます。生育が揃っている園でも2～3回に分けて処理を行うため、繰り返して述べますが目印として上部支梗の一部を残しておきます。ジベレリン処理を行った花穂は残した目印（支梗）を切除する

上部支梗を使った房づくり

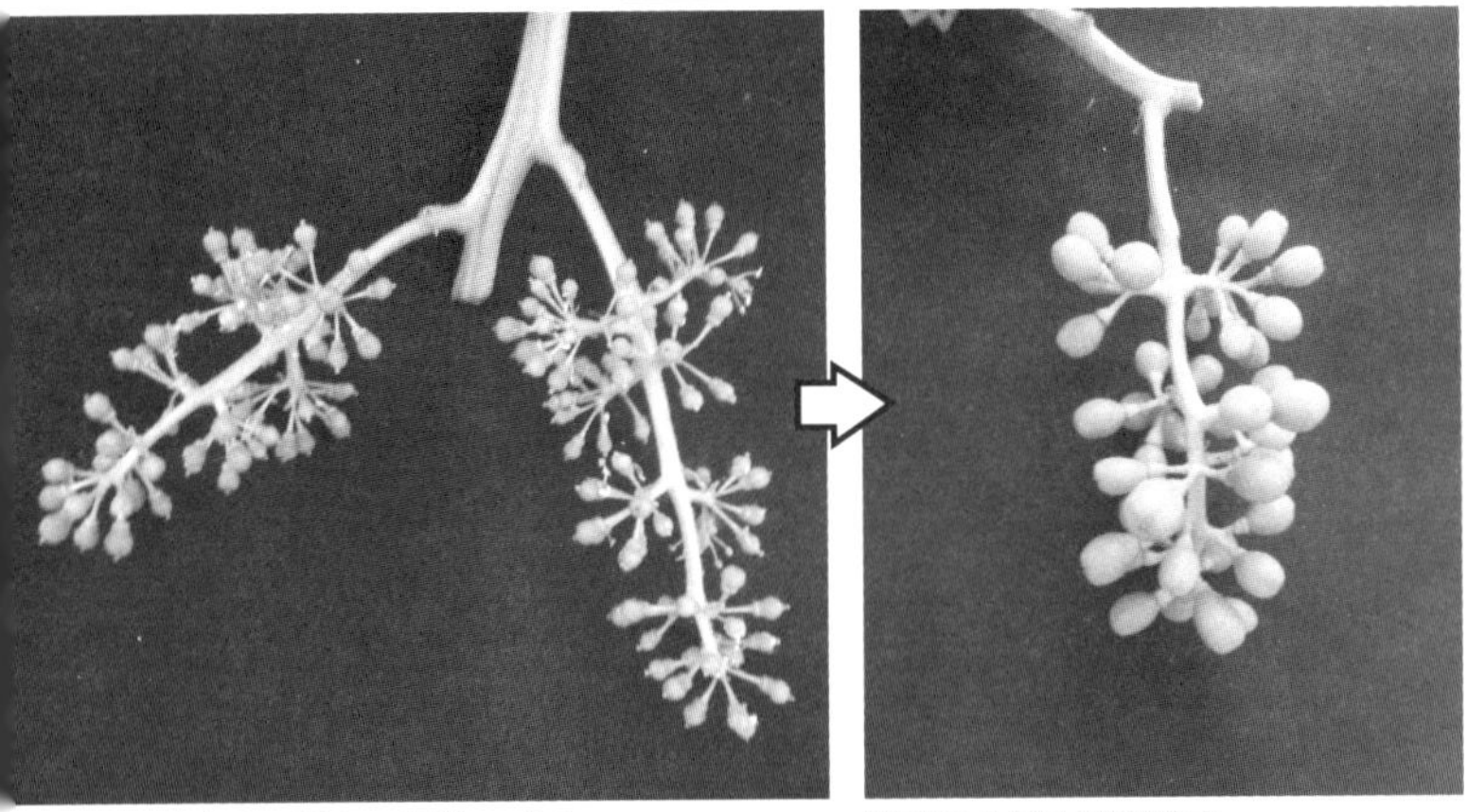

片方を切除して房をつくる　花穂の上部支梗を残す

ことで、未処理の花穂と区別することができます（76頁の図4－7）。

花穂によっては先端が分岐していたり、帯状になっているものもありますが、この場合でも花穂の先端は切らずに残しておき、若干長めに房づくりをします。第1回ジベレリン処理終了後に軸長を整えます（77頁の図4－8③）。なお、先端が分岐していても分岐した部分の長さが4cm以上ある場合は、分岐した片方を切除して房づくりを行います。

上部支梗を使った房づくり

房づくりや摘粒作業は限られた時間で行わなければならないので、規模拡大の妨げとなっています。そこで、これらの作業の省力化を目的とした上部の支梗（肩部）を用いた房づくり方法を紹介します。

花穂長4～4・5cmの上部支梗を残して房づくりを行うと、摘粒時には軸長が7cm程度、着粒数は30～35粒程度になります。

果粒重は慣行よりやや小さくなるため、30～35粒の着粒数とした場合、450～550gの果房の割合が多くなります。

房づくりではハサミを入れるカットの回数が少なくなり、摘粒の必要がない房の割合が多くなるため、作業時間は房づくり、摘粒でそれぞれ6割程度削減できます。一方、軸が斜めになるため、第1回ジベレリン処理がやりにくいこともあります。

なお、若木では果粒重が小さくなるので、基本的には露地の成木での適用となります。

収穫果房（450 ～ 550g）

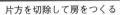

図4－9　小房の花穂整形（花穂の切り詰め目安）

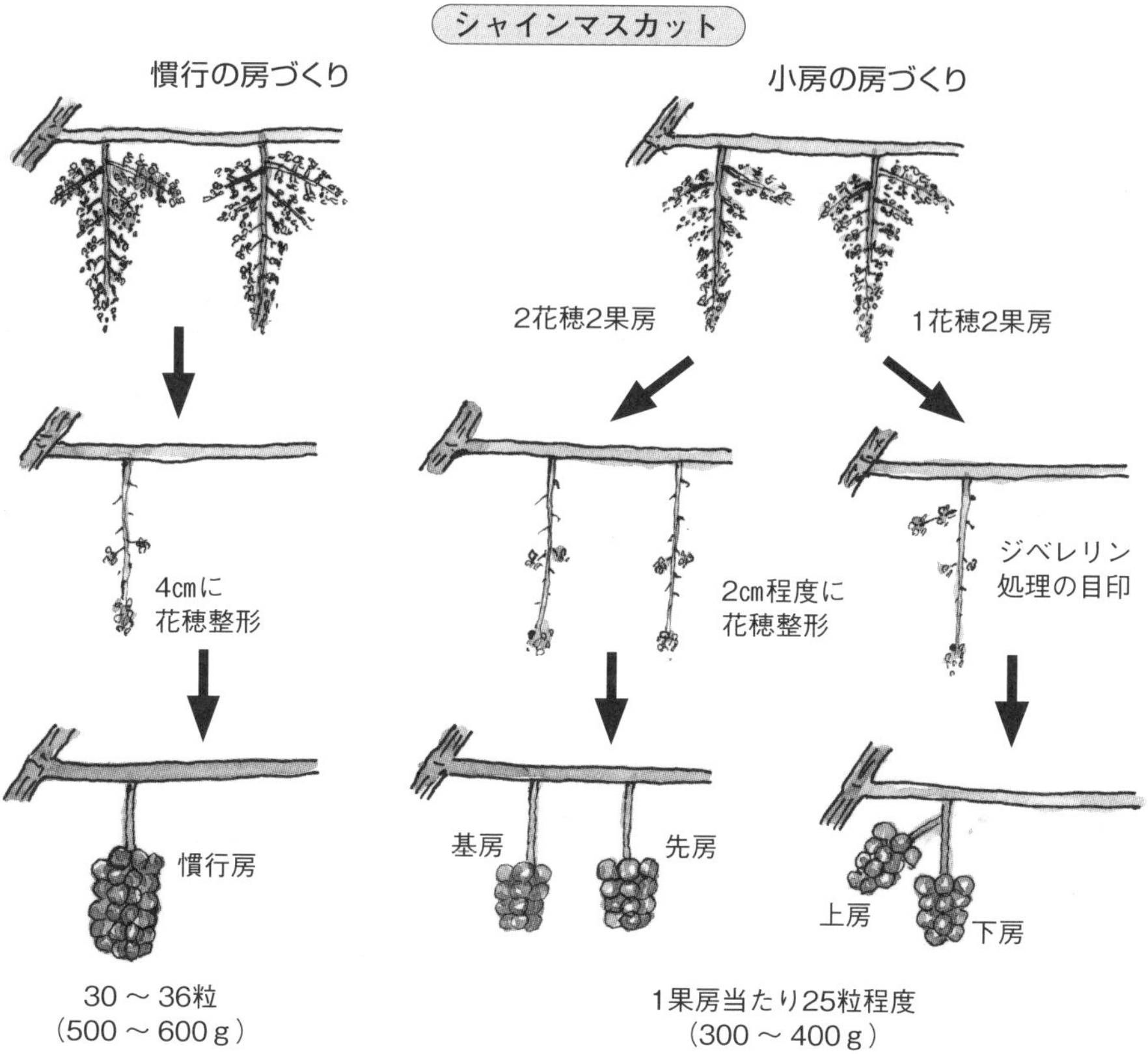

注：『「シャインマスカット」の栽培マニュアル』（大阪府環境農林水産部）をもとに加工作成

小房の花穂整形

大粒品種であっても必ずしも慣行の花穂整形（大房中心）にこだわらず、小房用の房づくりができます。

小房の目標粒数は、1果房当たり25粒程度（300～400g）とします。シャインマスカットを例（大阪府環境農林水産部『「シャインマスカット」の栽培マニュアル』による）に、二つの花穂整形の方法を具体的に紹介します（**図4－9**）。

2花穂2果房とする場合、1結果枝当たり2花穂に整え、それぞれ（基房、先房）の主穂先端を2cmずつ残します。

1花穂2果房とする場合、1結果枝当たり1花穂に整え、その主穂の先端（下房）と主穂上部の第1枝の先端（上房）をそれぞれ2cmずつ残します。

ジベレリン処理の目的と方法

ジベレリン処理の目的

シャインマスカットでは、食べやすさや生産の安定化を目的に種なし栽培が行われており、ジベレリン処理は必須の作業となります（**図4－10**）。

ジベレリンの生理作用は生育促進、開花促進、単為結果（受精が行われずに果実をつける性質）の誘起、果実肥大促進、熟期促進、花振るい防止、落果防止、休眠打破や発芽促進、花芽抑制など多岐にわたり、ブドウのみならず他の果樹や野菜、花卉などの生産安定技術として国の内外で広く実用化されています。

現在、種なし化や果粒肥大の目的での使用のほか、ジベレリンを利用した省力栽培（花穂伸長に着目した摘粒作業の軽減）や処理回数の削減など省力化の観点から新たな利用方法も普及しています（**表4－3**）。

図4－10　ジベレリン処理の例　（露地栽培）

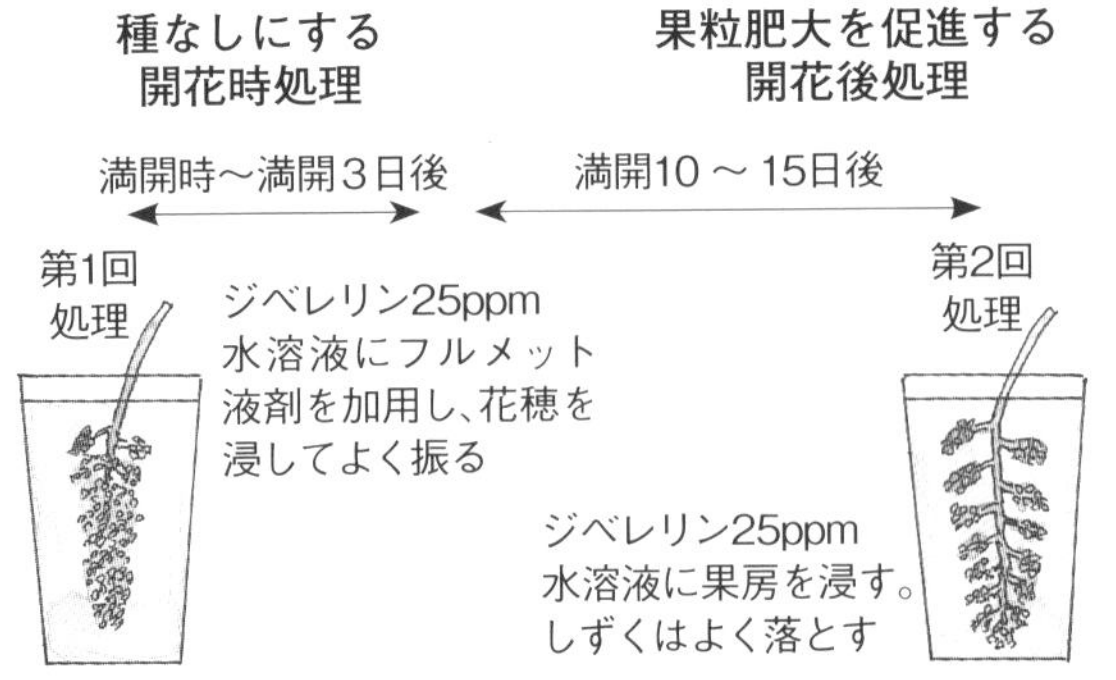
種なしにする
開花時処理
果粒肥大を促進する
開花後処理
満開時～満開3日後
満開10 ～ 15日後
第1回
処理
ジベレリン25ppm
水溶液にフルメット
液剤を加用し、花穂を
浸してよく振る
第2回
処理
ジベレリン25ppm
水溶液に果房を浸す。
しずくはよく落とす

注：1回目の処理が遅れると花振るいが発生することがある

ペットボトル再利用のカップでジベレリン処理

ジベレリンの効用

ブドウ果実に対するジベレリンの作用には、種なし化、着粒安定、果粒肥大促進、果房伸長促進があります。種なし果の形成には、受精の阻害と単為結果の誘起という二つの過程を含み、ジベレリンは両方に関与しています。

ジベレリン処理による単為結果誘起の仕組みについては、開花前の花穂へのジベレリン処理が花粉の発芽率を低下させることが認められており、また、胚珠の発達に影響することも観察

表4－3　ジベレリン処理の使用目的と方法

作物名	使用目的	使用濃度	使用時期	使用回数	使用方法	ジベレリンを含む農薬の総使用回数
シャインマスカットなどの2倍体欧州系品種（無核栽培）	無種子化果粒肥大促進	1回目 ジベレリン 25ppm 2回目 ジベレリン 25ppm	満開時～満開3日後（1回目）および満開10～15日後（2回目）	2回、ただし降雨等により再処理を行う場合は合計4回以内	1回目：花房浸漬 2回目：果房浸漬	3回、ただし降雨等により再処理を行う場合は合計5回以内
		ジベレリン 25ppm	満開3～5日後（落花日）	1回、ただし降雨等により再処理を行う場合は合計2回以内	花房浸漬（ホルクロルフェニュロン10ppm液に加用）	
	果房伸長促進	ジベレリン 3～5ppm	展葉3～5枚時	1回	花房散布	

注：『ブドウの郷から』（山梨県果樹園芸会）より抜出

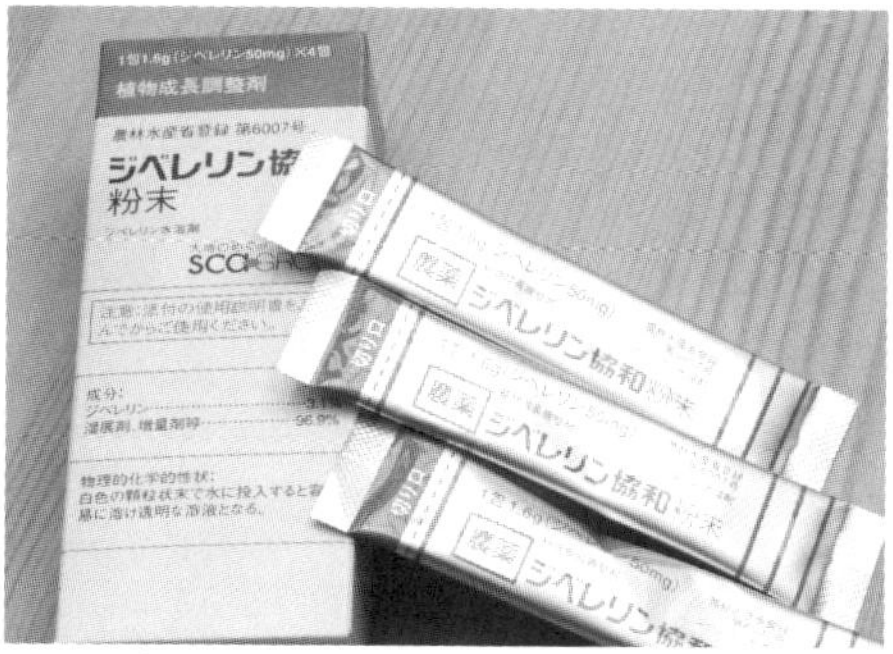

市販のジベレリン剤

ジベレリン処理用のカップ（ジベカップ）

されています。つまり、花粉側と胚珠側の両方が異常となることが原因で正常な受精ができず、種なしとなると考えられています。

また、ジベレリンには、生理落果を抑制する働きが認められています。種なし化した果実は、そのままでは生育を停止して落果しますが、ジベレリンを処理することにより小果梗の基部にある離層の発達が抑えられ、落果を抑制することも認められています。

このような作用により開花前から開花時の1回目のジベレリン処理は、種なし化と着粒安定目的で使用されます。しかし、このままでは種あり果と同等な大きさの果粒は得られないので、開花後の2回目の処理により個々の細胞の伸長を促し、果粒肥大を促進させています。

ジベレリンは次項の植物生長調節剤などと同様にインターネット通販、JA（農協）、ホームセンター、園芸店などで購入できます。

ジベレリン処理の方法

1回目ジベレリン処理

処理時期は満開時～満開3日後で、すべての花蕾が咲き、花冠が離脱した状態が適期になります。

ジベレリン処理の作業（1回目）

ジベレリン液に着粒安定を目的としてフルメット液剤を加用する処理が一般的に行われていて、着粒安定と同時に果粒肥大促進効果もあります。

山梨県では、ジベレリン25ppmにフルメット液剤が5ppmになるように加用しての浸漬処理が基本となっています（前頁の**表4－3**）。

処理時期が早い（房尻が未開花の状態）とショットベリー（無核で正常な肥大をしない小さな果粒）の付着や花穂が湾曲します。一方、処理が遅れると極端な花振るいが発生することがあるので注意が必要です。

2回目のジベレリン処理

露地栽培ではハウス栽培と比較して生育が揃うので、おおむね1週間以内、2～3回で処理が終了できます。

2回目ジベレリン処理

2回目は満開の10～15日後にもう一回、今度は果粒を肥大させるために25ppmの水溶液に果房を浸漬します。実際には、1回目処理の中心日を記録しておき、その日から12日後を目安に一斉に処理を行います。処理が遅れると裂果や果粉の溶脱が心配されるので天気を見ながら適期に行います。

後述するようにフルメット液剤を加用して、果粒肥大促進をはかる事例も見られますが、糖度の上昇が遅れたり、裂果の発生が助長されることもあります。このため、2回目のジベレリン単用処理が一般的です。

植物生長調節剤の効果と活用

植物生長調節剤の利用

ジベレリンを含む植物生長調節剤（以下、植調剤と略）は無種子化や果粒肥大促進、新梢伸長抑制などの目的で広く使用されており、今日のブドウ栽培において極めて重要な役割を担っています。

植調剤の多くは、植物ホルモンと同様な働きをするため、わずかな量でも生育に大きな影響を及ぼします。効果が大きい反面、使用法を誤ると、品質低下を招いたり、薬害を生じるおそれもあります。このため、使用にあたっては、植調剤の性質を十分理解した上で、樹勢や使用時期、天候などに細心の注意を払い農薬登録条件に準じて適正に使用することが肝要です。

ここでは、シャインマスカットの安定生産に向け、広く使用されている植調剤の使用にあたってのポイントを再確認します。

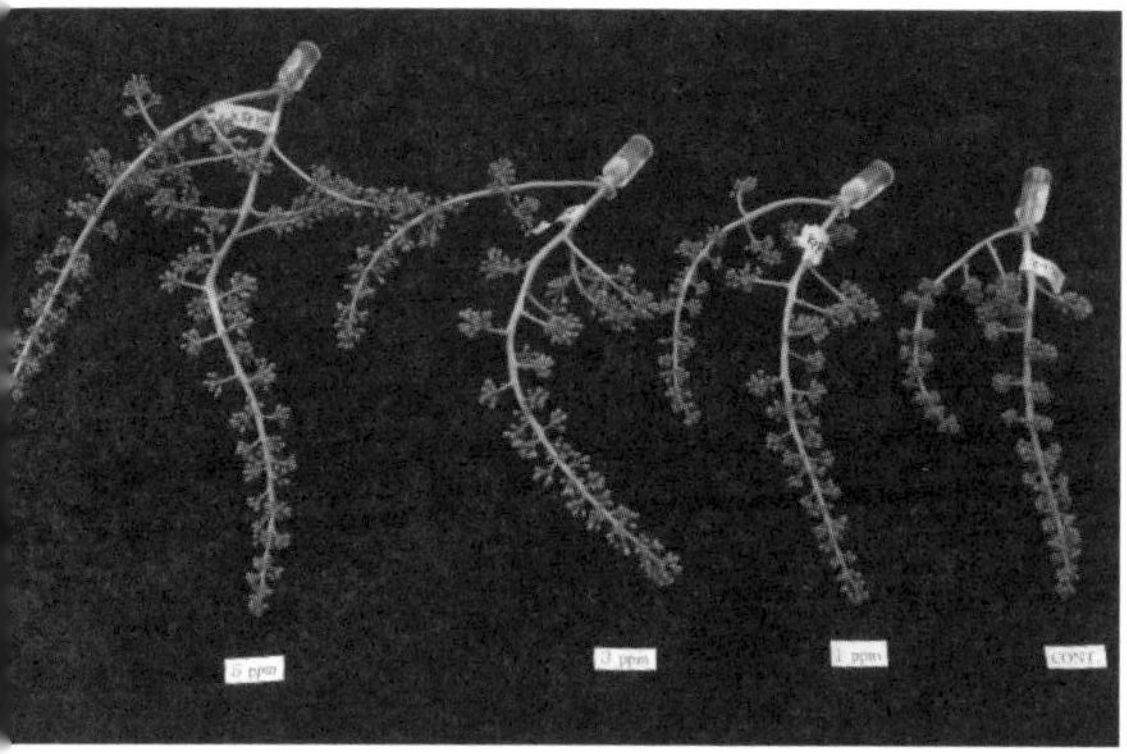

ジベレリン低濃度散布により花穂が伸び、着粒密度を下げることで摘粒作業を省力化できる（左から 5ppm 散布、3ppm 散布、1ppm 散布、無散布）

フルメット液剤の処理

フルメット液剤（有効成分ホルクロルフェニュロン）はサイトカイニンと同様の働きをし、細胞分裂の促進、細胞伸長の促進、単為結果の誘起、着果促進、老化防止などです。ブドウでは着粒安定や果粒肥大促進、花穂発育促進を目的に広く使用されています。

シャインマスカットでは着粒安定を目的に、1回目のジベレリン処理液に2～5ppmを加用して処理します（次頁の**表4－4**）。果粒肥大促進目的では、2回目のジベレリン処理液に5～10ppmを加用して処理するか、フルメット液剤単用で処理します。

山梨県では、1回目に5ppmを加用しての処理が広く行われていま

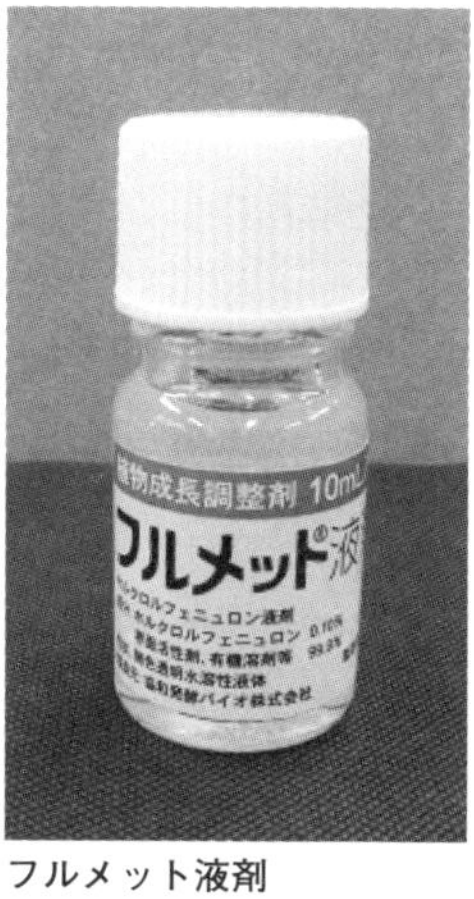

フルメット液剤

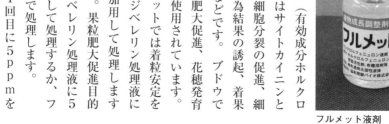

表4－4　フルメット液剤処理の方法

作物名	使用目的	使用濃度	使用時期	使用回数	使用方法	ホルクロルフェニュロンを含む農薬の総使用回数
シャインマスカットなどの2倍体欧州系品種（無核栽培）	着粒安定	ホルクロルフェニュロン 2～5ppm	開花始め～満開前 または 満開時～満開3日後	1回、ただし降雨等により再処理を行う場合は合計2回以内	開花始め～開花前に使用する場合 花房浸漬（ジベレリン1回目および2回目処理は慣行）	3回、ただし降雨等により再処理を行う場合は合計5回以内
					満開時～満開3日後に使用する場合 ジベレリンに加用 花房浸漬（ジベレリン2回目処理は慣行）	
	果粒肥大促進	ホルクロルフェニュロン 5～10ppm	満開10～15日後		ジベレリンに加用 果房浸漬（ジベレリン1回目処理は慣行）	
	無種子化 果粒肥大促進	ホルクロルフェニュロン 10ppm	満開3～5日後（落花期）		ジベレリンに加用 花房浸漬	
	花穂発育促進	ホルクロルフェニュロン 1～2ppm	展葉6～8枚時		花房散布	

注：『ブドウの郷から』（山梨県果樹園芸会）より抜出

す。着粒安定と果粒肥大促進効果があり、処理適期幅の拡大も見込まれるので、特に一斉に処理を行う場合は、必須となっています。

2回目に加用しての処理は、果粒肥大は優れますが、糖度上昇の妨げや裂果の発生など品質が低下しやすいので、推奨されていません。

フルメット液剤は、生産安定のために非常に有用な薬剤ですが、反面、糖度の低下などのマイナス点も

表4－5　1回目ジベレリン処理液へのフルメット液剤加用がシャインマスカットの果実品質に及ぼす影響（山梨果試）

調査日	フルメット加用条件	果房長（cm）	果房重（g）	着粒数（粒／房）	果粒重（g）	糖度（°Brix）	酸含量（g/100mℓ）
2008/8/27	なし	14.8	433	30.8	14.1	18.4	0.27
	5ppm	15.6	523	34.7	15.4	18.0	0.27
2009/8/26	なし	16.6	561	37.4	14.5	18.8	0.35
	5ppm	15.6	574	35.6	16.4	18.0	0.34

注：ジベレリンの処理濃度は1回目、2回目とも25ppm（2回目処理はフルメット液剤加用なし）

表４－６　フラスター液剤処理の方法

作物名	使用目的	希釈倍数	使用液量	使用時期	使用回数	使用方法	メピコートクロリドを含む農薬の総使用回数
ブドウ（シャインマスカット）	着粒増加	1000～200倍	100～150ℓ/10a	新梢展開葉7～11枚時（開花始期まで）	２回以内	散布	２回以内
	新梢伸長抑制	1000～200倍					
		500倍	150ℓ/10a	満開10～40日後			
		1000倍	150ℓ/10a				

注：『ブドウの郷から』（山梨県果樹園芸会）より抜出

見られます。使用にあたっては、樹勢や栽培環境を勘案し、使用の有無や濃度の調整など十分に注意を払って使用する必要があります（**表４－５**）。

フラスター液剤の散布

フラスター液剤（有効成分メピコートクロリド）は、種あり栽培では着粒増加、種なし栽培では新梢伸長抑制を目的に使用されています。

摘心の代用技術

シャインマスカットでは、摘心の代わりに新梢伸長を抑制する目的で使用します。摘心の目的は、一時的に新梢の伸びを止めることにより、養分を花穂に転流させることで着粒安定と果粒肥大をはかることです。

しかし、園一面の新梢を一本ずつ摘心することは非常にたいへんな作業です。特に新梢の先端方向がばらばらな長梢剪定樹では多大な労力がかかってしまいます。新梢の伸びを抑えることができるフラスター液剤は、摘心代用の技術として広く普及しています。

開花前の展葉９～10枚時が処理適期です。一時的に新梢伸長を止めることで、花穂への養分転流をはかり果粒の初期肥大を促進する効果があります。副次的な効果として、支梗の伸びが抑制されるため、横張りが少ない、しまった果房に仕上げられます。

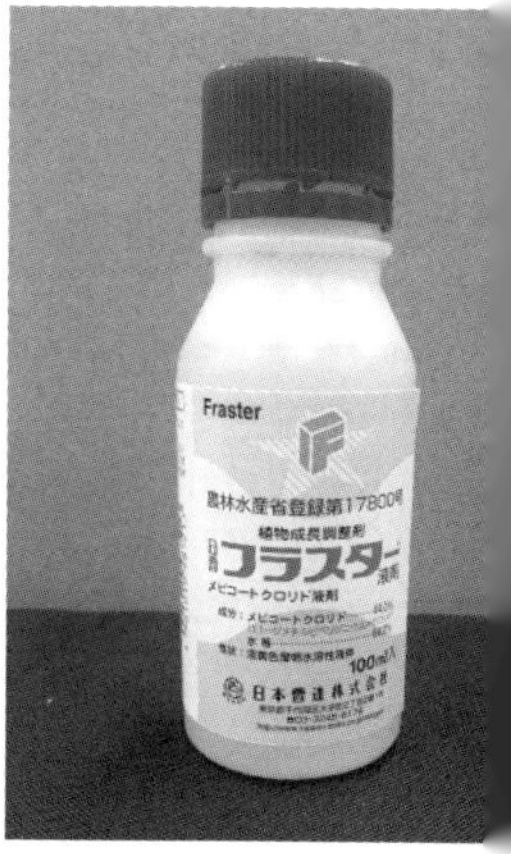

フラスター液剤

散布の実際

希釈倍率は**表４－６**のとおりですが、効き過ぎると、着粒過多などの悪影響があるので注意が必要です。なお、先述のように、シャインマスカットにおいては、従来の未展葉部位の軽

表4－7　アグレプト液剤処理の方法

作物名	使用目的	使用濃度	使用時期	使用回数	使用方法	ストレプトマイシンを含む農薬の総使用回数
ブドウ	無種子化	1000倍（200ppm）	満開予定日の14日前～開花始期	1回	花房散布	1回
		1000倍（200ppm）	満開予定日の14日前～満開期		花房浸漬（1回目ジベレリン処理と併用）	

注：①有効成分ストレプトマイシン20.0％
②『ブドウの郷から』（山梨県果樹園芸会）より抜出

図4－11　アグレプト液剤の処理時期がシャインマスカットの無核化率に及ぼす影響

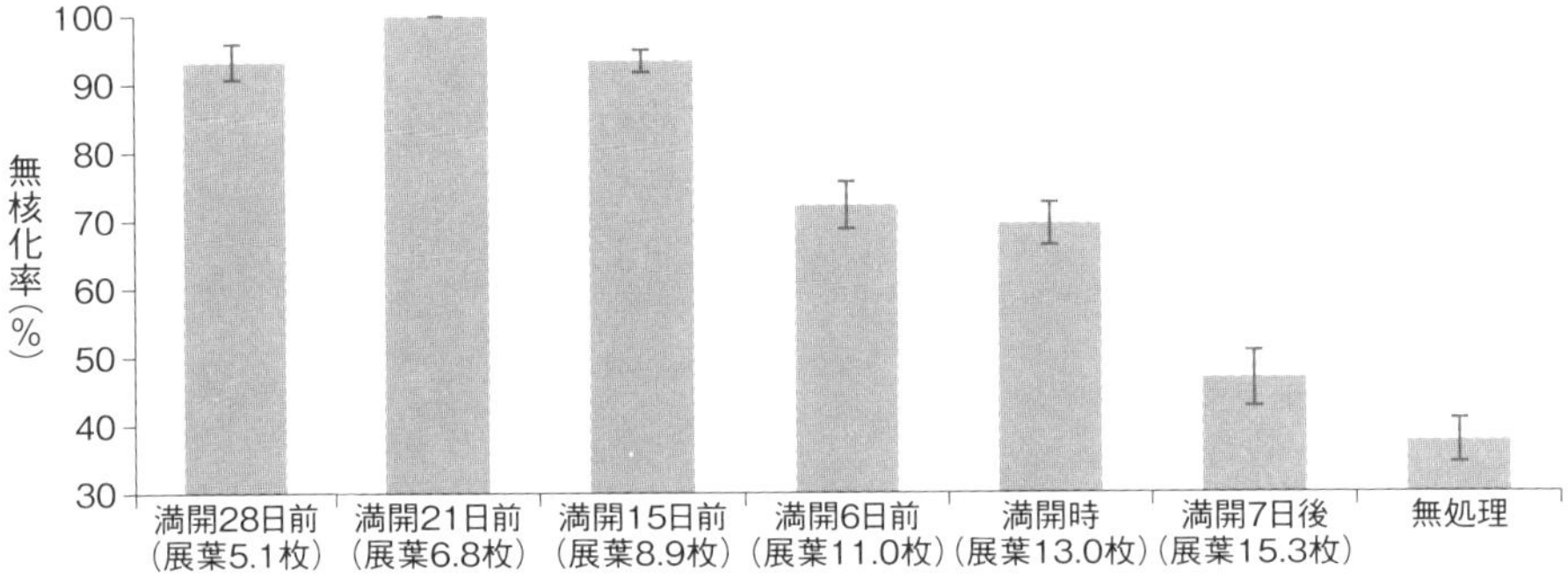

注：①垂線は標準誤差（n=9）　②ジベレリン処理は行っていない　③2018　山梨果試

い摘心よりも、強めの摘心を行うことで果粒肥大効果が高まります。

この場合も、フラスター液剤の散布により、摘心後の強勢な副梢の発生が少なくなり、副梢管理の省力化も期待できます。作業体系は、展葉10枚時にフラスター液剤1500倍を10a当たり100～150ℓ散布します。開花直前の摘心→副梢の管理となります。

アグレプト液剤の散布

近年は種なし栽培が主流でシャインマスカットのほか巨峰、藤稔などの種子の入りやすい品種での使用は必須です（**表4－7、図4－11**）。

本剤（有効成分ストレプトマイシン）の無種子化（無核化）の作用は、受精前の胚珠の発育阻害によるものと

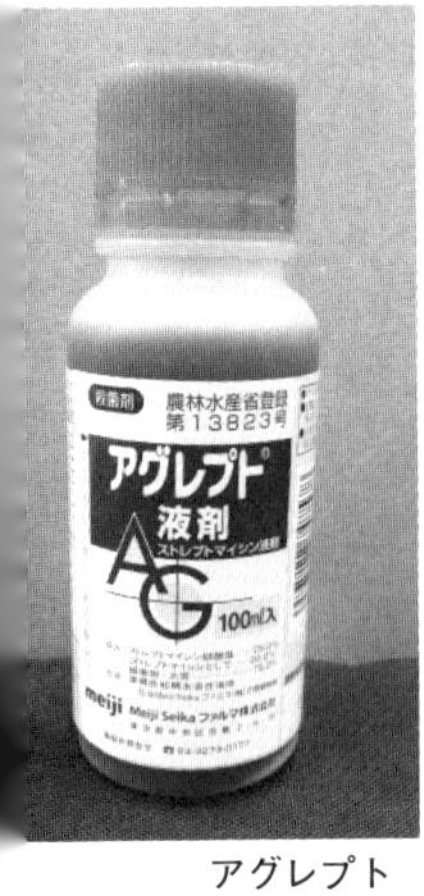

アグレプト液剤

されています。このため、開花前の早い時期での処理のほうが無種子化の効果が高くなります。使用時期は満開予定日の14日前から満開時ですが、処理時期が満開日に近づくほど種が混入しやすくなります。生育状況をよく観察し、早めの処理が効果的です。

処理方法には散布と花房浸漬があります。種あり栽培樹との混植園や隣接園の周縁部では、薬液飛散（ドリフト）のおそれがあり浸漬処理とします。

アグレプト液剤を処理したのにもかかわらず、種が混入する年がしばしば見られます。このような年はアグレプト液剤の処理時期である5月の湿度が低めで、風も強い傾向にあります。

強風時や極端に乾燥している日には処理は行わないようにします。乾燥が続く場合、処理後の湿度を確保するため、圃場に散水。また、午後には強い風が吹きやすいので、午前中のうちに処理を済ませるようにします。

果粒肥大期の着果量調整と摘粒

果粒の生長曲線

開花期以降、ブドウの果粒の生長は二重S字曲線を示し、以下の3段階に分けられます（図4－12）。

図4-12　ブドウの果粒の生長曲線（模式図）

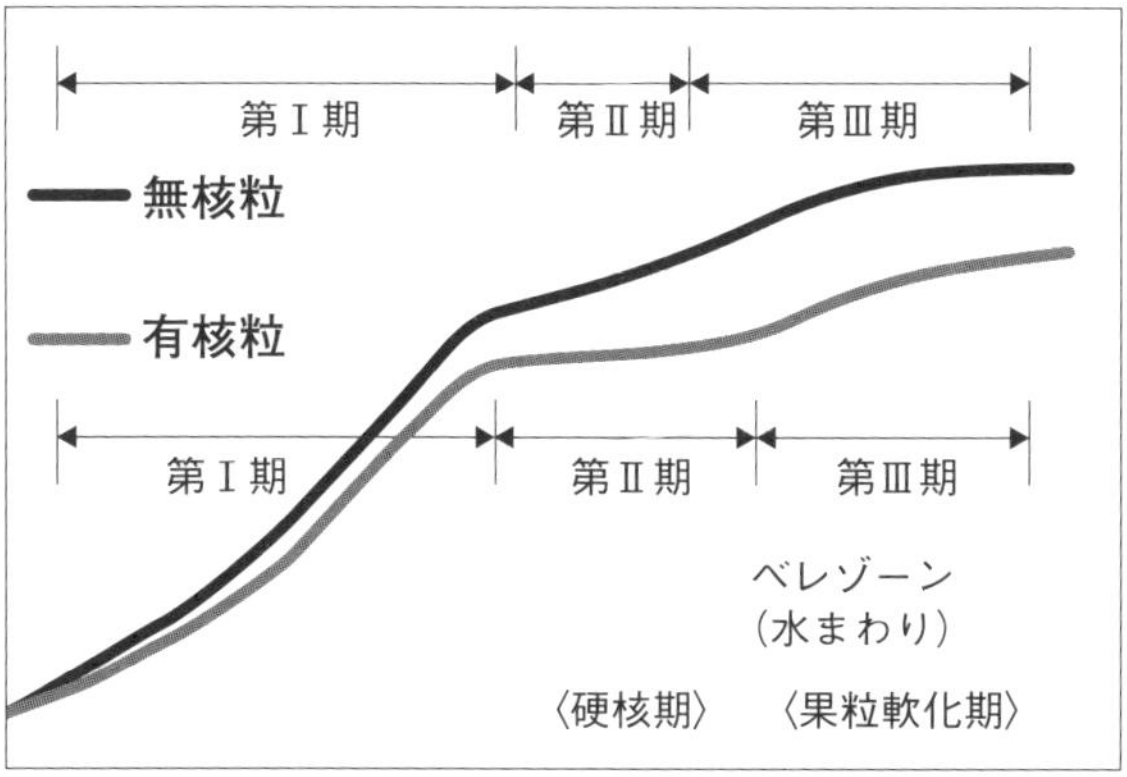

果粒肥大第Ⅰ期

果粒は開花期以降、30～40日で急激に肥大し、最も肥大が進む時期となります。特に開花後2週間は細胞分裂が盛んに行われ、最終的な果粒の細胞の数が決まります。この時期に曇雨天が続くような年は、果粒の肥大不足や裂果の発生が多くなる傾向にあります。

果粒肥大第Ⅱ期

第Ⅰ期の後の2週間程度、果粒の成

開花後30～40日は果粒が最も肥大する第Ⅰ期

長速度、つまり肥大が停滞する時期がありますが、この時期を果粒肥大第Ⅱ期と呼びます。

第Ⅱ期は硬核期とも呼ばれ、種子が硬化して胚の成長が盛んな時期であり、果肉と種子の間で養分競合が生じ、果粒の肥大が停滞するとされています。なお、ジベレリン処理により種なし化した果粒にも期間は短くなりますが、第Ⅱ期が認められるため、第Ⅱ期の果粒肥大の停滞は、果肉と種子の養分競合だけが原因ではないかもしれません。

果粒肥大第Ⅲ期

第Ⅱ期が終わりにさしかかると、果粒が急速に軟化してきます。この第Ⅱ期と第Ⅲ期との境界の果粒軟化期は、ベレゾーン（水まわり）と呼ばれています。ベレゾーン以降の第Ⅲ期は糖の蓄積が進み、有機酸は減少し成熟していきます。

着果量の調節

ブドウの棚は平面であり、単位面積当たりの葉面積はほぼ決まっているので、樹での光合成産物の量も決まっています。このため、品質の高い果実を生産するためには、単位面積当たりの着果量を調節する必要があります。

シャインマスカットでは、10a当たり1・5〜2・0tが収量の目安となります。着果量の調整は摘房によって行いますが、果房重を500〜600gとした場合、10a当たり3000房が目安となります。2回目のジベレリン処理終了後の予備摘粒前に摘房するのが効果的です。

摘粒の目安と方法

房づくりの項で、花蕾の数を制限する房づくりの必要性を述べましたが、花穂を短く切り詰めても、50〜60粒の果粒が着いています。

将来的には一粒が約13g、大きいものでは20g程度にまで肥大します。この状態のままでは果粒が密着して裂果してしまいます。そこで果粒を間引く摘粒という作業が必要となります。

果粒の良し悪しを判断

摘粒はブドウの管理作業のなかで最も手間がかかる作業です。生理落果（実止まり期）以降、果粒は急激に肥大するので、限られた時間のなかで摘粒作業を終わらせなければなりません。

豆くらいの大きさになると果粒の良し悪しが判断できますので、果粒の形のよいものを優先的に残します。極端に小さい果粒（ショットベリー）や内側に向いている果粒、キズやサビ果、裂果している果粒などを落とします。

ちなみに、見た目が美しい果房に仕上げるためには、房の長さやバランスが

図４－13　摘粒の目安例① 山梨県の例

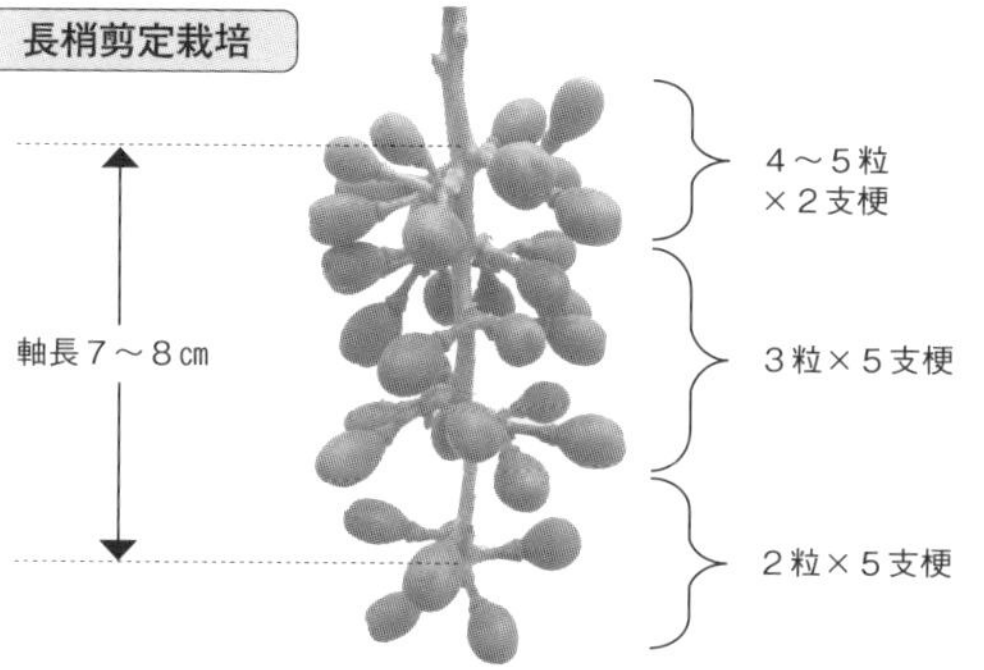

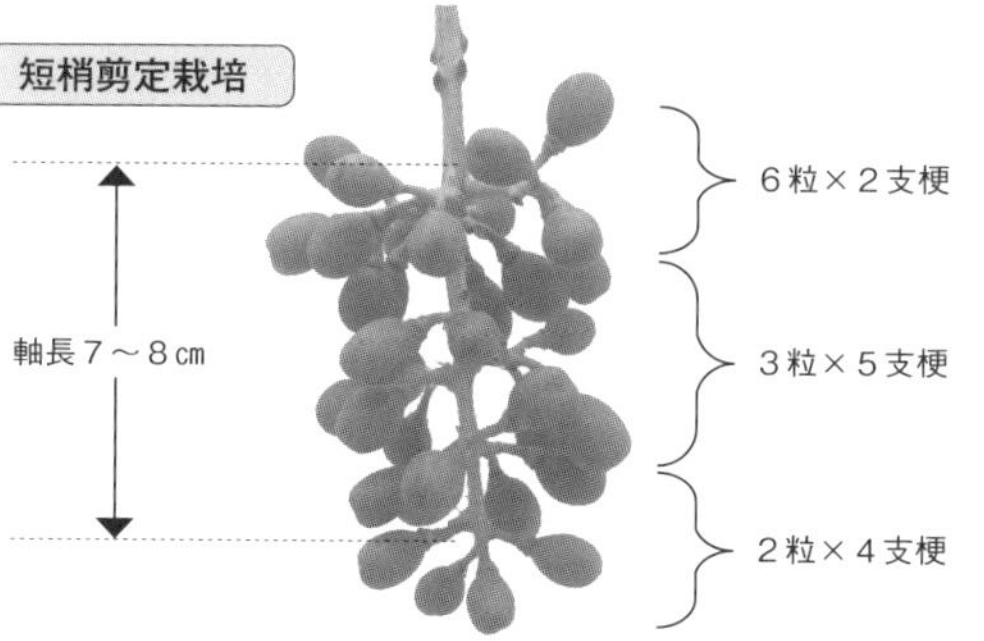

シャインマスカットの摘粒

摘粒前

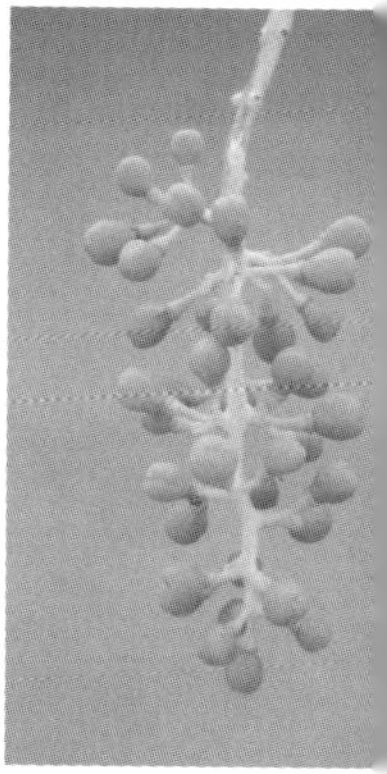
摘粒後

重要になります。

摘粒時にもったいないと思って、多くの果粒を残してしまうと、収穫時の果粒の肥大が劣ったり、裂果したりするので、収穫時の果粒肥大を想定して、果粒同士のスペースを確保した思い切りのよい摘粒をすることが美しく仕上げるポイントになります。

軸長の調整（予備摘粒）

１回目のジベレリン処理後４～５日後には、４㎝で房づくりした花穂も倍以上の長さになっています。

果粒同士の養分競合を防ぐため、この時期に一度、５～６㎝に花穂の長さを揃えておきます。それ以降も花穂は伸びていき、仕上げの摘粒時には７㎝程度になります。収穫時には、その軸長内に５００～６００ｇの果房に仕上げます。

軸長を揃えるときは、上部にある支梗の切り下げを基本とします。仕上げ摘粒時に支梗を切り下げると、果粒が上を向きにくく、上部の穂軸《すいじく》を包み込まなくなるので予備摘粒時に切り下げるようにします。ただし、房尻が間延びしていたり振るったりしている場合は切り上げて調整します。

穂軸を揃えると同時に内向き果などを除去しておくと、後の仕上げ摘粒が楽になります。忙しい場合には軸長の調整だけでもぜひ行ってください。

仕上げ摘粒

２回目ジベレリン処理前後に行います。予備摘粒時に軸長を５～６㎝に揃えた場合、この時期には７～８㎝にな

図４－14　摘粒の目安例②　山形県の例

上部は上向きや水平に外向きの果粒を残す
（４～５粒/支梗　２～３段）

中間部は水平に外向きの果粒を残す
（２～３粒/支梗　７～10段）

下部は水平に外向きの果粒を残す
（２粒/支梗　２～４段）
最下部は下向きの果粒を残す
（１～２粒/支梗　１段）

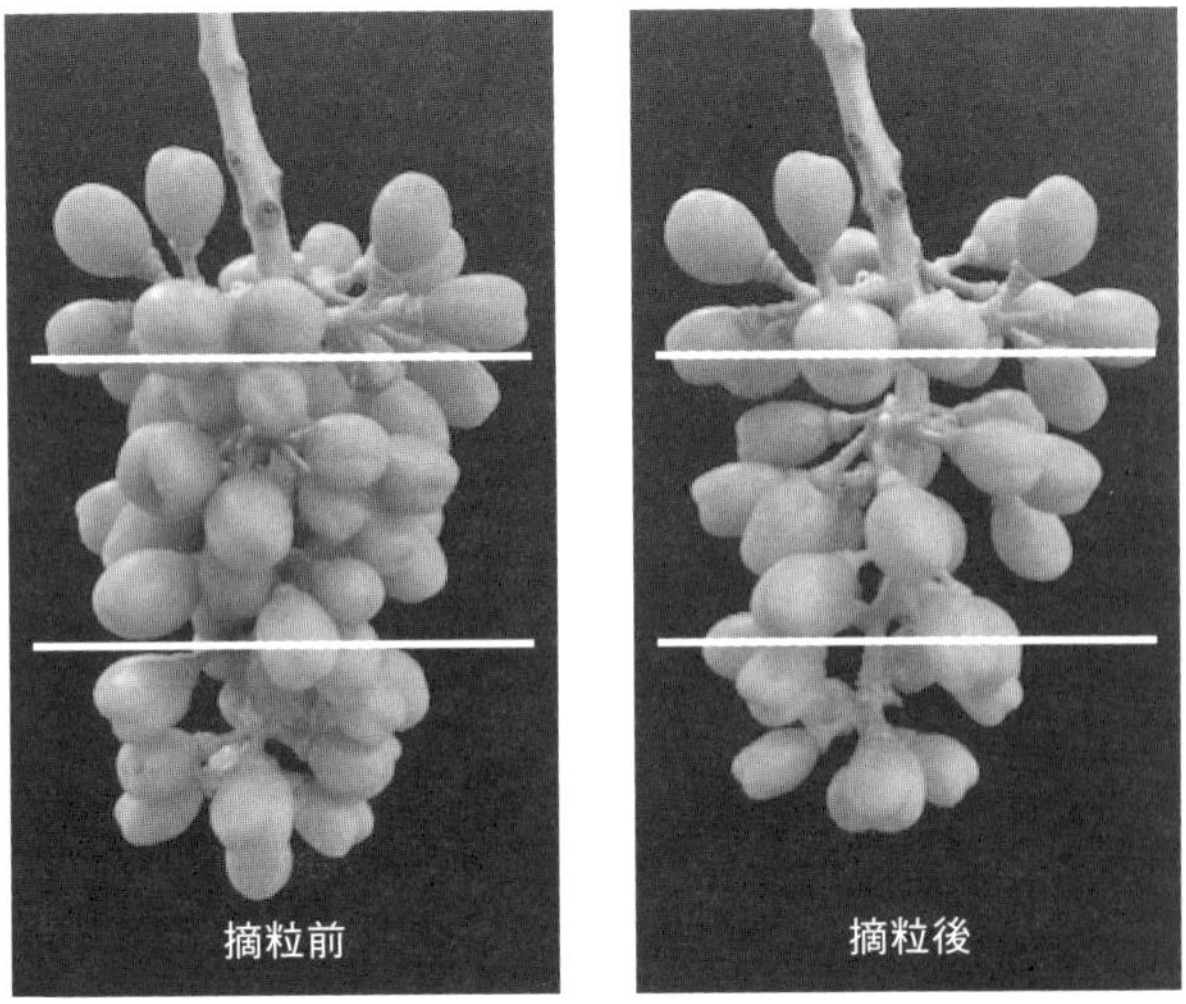

っています。さらに房が伸びてしまった場合には再度軸長を7～8㎝に調整します。調整は上部の支梗を切り下げるか房尻を切り上げますが、上部の支梗は左右揃うようにします。

仕上げで残す果粒数

◆山梨県の例

果粒数は、山梨県では若木で38～40粒、成木で35～38粒を目安に残します。結実3年目までの若木では果粒肥大が劣る傾向があるので、密着した果房になるように果粒数はやや多めに残しています。

内向きや下向きの果粒、果房内部に入り込む果粒（内玉）を切除し、小果梗が太くしっかりとした果粒を残します（前頁の**図４－13**）。なお、果房上部（肩）をまとまりやすくするため、最上部の支梗にはやや多めに果粒を残すようにします。

◆他の主産地の例

他の主産地では、上部と中央部の隙間をなくし、さらに内玉を外向きに配置し直す玉直し作業を行ったりして果粒の並びを揃え、仕上げ摘粒で残す果粒数を40～45粒にしている例も少なくありません（**図４－14**）。

シャインマスカットは大房になると果房内での糖度の差が大きくなり、糖度も上昇しにくくなります。食味を重視した房をつくるためには、軸長と粒数は順守するようにします。

摘粒の作業

カサかけ・袋かけの方法と効果

カサかけ・袋かけの効果

摘粒が終了したら、すぐにカサかけ、または袋かけ作業を行います。ブドウの病気のほとんどは雨滴で感染するので、雨の多いわが国では、果粒を雨から守るためのカサや袋はどうしても必要となります。

また、薬剤散布による果粒の汚損防止、強い日ざしによる日焼けの予防など高品質な果房を生産するための必須作業となっています。ちなみに山梨県のシャインマスカット栽培では、収穫までカサで管理する方法、あるいは摘粒後から収穫まで袋をかけて管理する方法のいずれかが行われています。

果房へのカサかけ（2回目ジベレリン処理後）

カサかけの管理

カサで管理を行うと、糖度の上昇が早まり収穫期も早くなる傾向があります。山梨県の露地栽培で盆前出荷をねらう場合は、カサで管理している園もあります。

使用するカサは30㎝四方の乳白色のポリエチレン製カサが一般的です。棚が新梢で十分覆われている園では果皮が黄化することは少ないですが、棚が明るい園では乳白カサに代えてタイベック（不織布製）や緑色のポリエチレン製カサを用いることで果皮の黄化を抑えることができます。

なお、カサによる管理の場合、カサかけ後の薬剤散布は棚上散布で行います。

ポリエチレン製のカサかけ

袋かけの管理

摘粒終了後から収穫まで、2か月以上の期間があります。この間にはべと病やスリップス類などの防除のため、複数回の薬剤散布を行わなければなりません。薬剤による果粒の汚損防止のため、袋かけが必要になります。

袋の素材、色、サイズ

表4－8　袋資材の違いがシャインマスカットの果実品質に及ぼす影響

試験樹	試験区	果皮色 (c.c.)^{z}	糖度 (°Brix)	カスリ症	
				発生度	発生率（%）
試験樹1（サイドレス）	白色袋	3.0	21.7	4	13
	緑色袋	2.5	21.3	18	43
	青色袋	2.4	21.4	19	46
試験樹2（露地）	白色袋	4.0	22.6	26	48
	緑色袋	3.3	21.9	31	64
	青色袋	3.5	22.4	25	53

注：① ^{z}カラーチャート値：1（緑）～5（黄）
　　② 2012-2013　山梨果試

薄い白色袋が広く普及

ブドウで使用する袋の素材は、耐湿性のある紙がほとんどです。小さな孔があけられたポリエチレン製の透明袋も試作・販売されていますが、袋内が高温になり過ぎ、日焼けが起きやすくなるので実用性に課題があります。

袋かけの作業

白色袋

紙製の袋の色は、白や緑、青、茶色など遮光率が異なる袋がいくつか市販されていますが、シャインマスカットでは白色袋が広く普及しています。

素材（紙）は薄いほうが袋をかけやすいので、大面積の園地で袋をかける場合は薄い袋のほうが作業は効率的になります。袋の大きさは小房用の小さいものから大房用の特大サイズまで多くの種類があるので、房の大きさに適合したものを選びます。

収穫時期の延長には有色袋

果皮色の黄化を抑制したい場合や収穫時期を遅らせて延長したい場合には、遮光率の高い緑色や青色の袋を用います（**表4－8**）。

なお、有色袋の袋かけは緑色の袋のときは果粒軟化期以降、より収穫時期を遅らせることのできる青色の袋のときは果粒軟化盛期以降に行います。

果皮の黄化やカスリ症を軽減し、3

～4週間の収穫期間を延長できます。

袋の巻きつけ方

摘粒が済んだ果房の果梗に袋をしっかりと巻きつけます。このとき、果粒のこすれ防止のため果房の肩の部分に袋が触れないようにします。また、雨水やスリップス類の侵入を防ぐため、ロート状にならないように隙間なく、しっかりと巻きつけてください。

袋をかけた後、袋に直接陽光が当たるような場所では、袋の中の温度は非常に高くなります。このような場所の袋のなかでは、果粒がしなびたり日焼けを起こしたりしますので、直射日光が当たらないように新梢を袋の上に誘引し直して、日陰をつくるようにします。新梢で日陰がつくれないような場合には、袋の上にクラフト紙やタイベック（不織布製）でつくられたカサをかけて日ざしを遮るようにします。

鳥獣害の発生と防止対策

鳥害の発生と防止対策

ブドウの果粒が肥大・軟化し、収穫期を迎える頃になるとカラス、ムクドリ、ヒヨドリなどの被害を受けることがあります。一般に鳥は赤色、紫黒色系統の品種をねらいがちといわれますが、黄緑色のシャインマスカットなども食害を受けます。

カサかけ・袋かけ

鳥の被害を防ぐためには、カサかけ、袋かけによって食害をある程度軽減できます。しかし、鳥がくちばしでカサや袋をつついて破ったり足で果粒を蹴落としたりするので必ずしも万全ではありません。

防鳥ネット

防鳥ネット

鳥害を確実に防ぐ手段として、防鳥網（ネット）を張るのが最も効果があります。網は8～16㎜目のものを使用します。

短梢剪定栽培では、果房が直線的に並んでいるので、果房が着生している部分の棚上に幅1～1・5mの網を設置する例を見かけます。一方、長梢剪定栽培では通常、棚全体を被覆する必要があります。網は果粒肥大・成熟期に樹上に直接かぶせたり、一定の間隔で打ち込んだ支柱（単管パイプなど）

と縦横に張った架線上にかぶせたりする方法があります。収穫終了後に網を取り外します。

鳥よけカイトなど

鳥害防止装置として防鳥テープ、爆音器、音声防鳥機器、鳥よけカイト（凧）、マネキン、かかしなどが市販されています。一時的な効果はあるものの、鳥は学習能力が高く音や物体への慣れが生じて効果は長続きしません。

収穫期間が長いブドウの場合、忌避効果を高めるため、いくつかの方法を組み合わせたり、防鳥手段を変更したりする必要があります。

ネット被覆（上）とワイヤーメッシュ柵（下）

獣害の発生と防止対策

イノシシやサル、シカ、アライグマ、タヌキ、ハクビシン、イタチ、アナグマなどに収穫前の果房を食べられると大きな被害になります。

ネット被覆と電気柵

園地全体、または園地周囲をネットで完全に被覆するのが最も効果的です。しかし、コスト面で導入が難しいのが現状です。

有効な対策の一つは、園地の周囲に電気柵を設置し、忌避効果を得る方法です。圃場の近くに電源がない場合でも、ソーラー式の蓄電タイプもあります。柵の種類は、線方式とネット方式があります。効果は高いですが、設置後、草などに線が当たると電気漏れになります。防草シートの敷設や設置後の柵管理が必要になります。

ワイヤーメッシュ柵

ワイヤーは径5㎜で、10㎝と15㎝の升目《ますめ》の2種類が流通しています。ワイヤーを5～10㎝地面に埋め込み、圃場の周囲を囲むようにして防護します。主な対象獣種はイノシシです。

獣返し、動物撃退器など

耕種的な防除法として主幹を伝って上ること防ぐ、獣返しがあります。トタン板や大きめのポットなどを利用してつくることができます。音と光で夜行性の動物を威嚇して園内への侵入を防ぐ動物撃退器も販売されています。

この場合、ある程度の台数を設置しないと効果が薄いことや威嚇のパターンが少ないと動物が慣れてしまう危険性があります。動物の種類や浸入路を確認するために監視カメラの設置も有効です。防水性で乾電池式の監視カメラが販売されています。

果実成熟期の収穫と等級区分

収穫時期の目安

果粒は、7月中下旬頃になると水を引き込み軟化してきます。この果粒軟化期を前に述べたとおりベレゾーンと呼んでいますが、ベレゾーン以降、糖分をため込み成熟していきます。

糖度の上昇に伴ってマスカットの芳香を放つようになります。ブドウはバナナやキウイフルーツのように収穫後に追熟はしないので、収穫後に品質が向上することはありません。このため、十分においしくなってから収穫するように心がけます。

糖度計で甘みを計測

カラーチャートで果皮色を照合

収穫バサミ（摘み取り園）

糖度計で18度以上

収穫時期は、糖度と酸含量を目安に判断します。簡易的な糖度計が市販されていますので、カラーチャート（収穫の基準となる色見本）とともに用意しておくと便利です。

シャインマスカットの糖度は18～20度といわれていますが、おおむね18度以上に達したら収穫ができるようになります。シャインマスカットは比較的酸含量が少ない品種です。

このため、糖度が低くても酸っぱくないので食べることはできます。しかし、低糖度の果粒は品種本来のうまみが少なく薄っぺらな食味となります。収穫前には糖度を必ずチェックし食味重視の出荷を心がけてください。

下部の果粒を味見

糖度計が手元になかったら、やはり一粒食べてみておいしかったら収穫するようにします。

このとき、房のお尻の部位（下部）から一粒採取して味見すると間違いありません。特にシャインマスカットは房の上部と下部で糖度差が出やすい特徴があります。

上部にある果粒のほうが下部よりも甘くなるのが早いので、下部の一粒を食べてみて食味を確認して収穫するようにします（図4－15）。

図4－15　上部の果粒が先に甘くなる

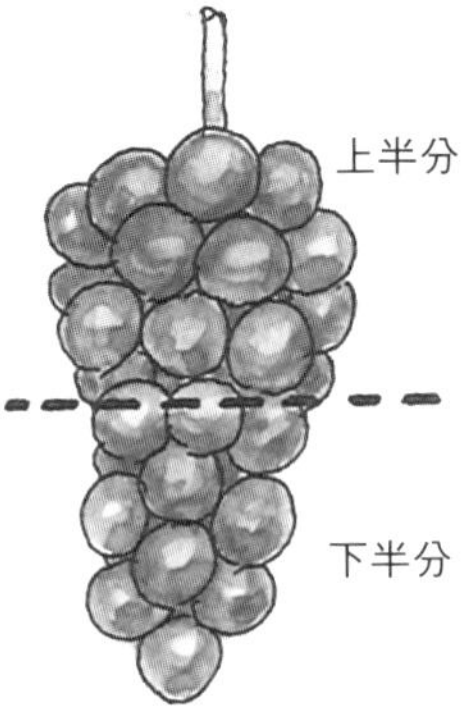
上半分
下半分
房の下部にある果粒が甘ければ、全体が甘いということになる

収穫は早朝に行う

収穫作業と出荷調整

収穫作業

収穫作業は、朝の果房温度が低い時間に行います。日中の高温時の収穫は日持ち性を悪くするので避けるようにします。また、雨の日や果房が濡れているときの収穫についても裂果や輸送中、あるいは貯蔵中の病害の発生を助長させるので避けるようにします。

シャインマスカットは果粒表面のブルーム（果粉）が少ないのですが、収穫や選果にあたってはできるだけ落とさないように、果房に直接手を触れず、穂軸（果梗）をしっかり持って扱うようにします（図4－16）。なお、収穫時には平コンテナを用い、果房を積み重ねないように気をつけます。

図4－16　収穫のコツ

穂軸を手に持って切り落とす

出荷調整

収穫した果房は病害果や裂果、小粒果などの果粒がないか確認し、あれば摘粒ハサミなどで他の果粒を傷つけないように丁寧に取り除きます。

そして、出荷規格に基づいて選別、箱詰めします。このときもなるべく果房には直接手を触れないように注意します。

通常の露地栽培であれば、東日本では10月初旬まで収穫、出荷が行われます。しかし、近年は有色袋かけによって収穫時期を伸ばしたり、貯蔵技術の開発で出荷を遅らせたりして12月上旬まで出回るようになっています。

規格と出荷基準

消費の多様化への対応

穂軸を持って切り落とす

果房にじかに手を触れない

近年は、スーパーマーケット、道の駅などの量販店に350gほどの小房を入れたパックや、果粒を詰め合わせた円形ミニパック（容器とふたが一体となったもの）、カップなどが低価格で出回るケースも見受けられます。

収穫した果房

果粒のカップ容器詰め販売

流通や消費の多様化に伴い出荷の規格や容器なども変化し、多岐にわたっています。産地では品種ごとの収穫時期や選果上の注意点、箱詰め方法、等級や階級などを厳しく定めています。

さらに、産地では出荷が始まる前に目合わせ会や目揃えを行い、出荷規格を再確認し、品質の統一をはかっています。

目合わせ会（山梨県・JA ふえふき）

表４－９　シャインマスカット（ハウス・露地）の等級・階級区分例

等級（品質）区分　（ハウス・露地）

項目＼等級	秀	優	良
食味（熟度）	最も秀でたもの（糖度計示度18度以上のもの）	優れたもの（糖度計示度18度以上のもの）	良いもの
着色	品種固有の色沢を有しているもの	品種固有の色沢を有し、日焼けによる変色の目立たないもの	秀、優に満たないもので商品性のあるもの
形状	よくまとまった形状を備えているもの	まとまった形状を備えているもの	秀、優に満たないもので商品性のあるもの
玉張り、粒揃い	品種固有の玉張り、果粒が大きく揃っているもの	品種固有の玉張り、果粒の揃いがやや劣るもの	秀、優に満たないもので商品性のあるもの
サビ果、スレ	ないもの	あまり目立たないもの	優に次ぐもの
汚れ	ないもの	ないもの	ないもの
その他の病害虫	ないもの	ないもの	ないもの

階級（重量）区分　（単位：g）

区分	３Ｌ	２Ｌ	Ｌ
１房重量	550以上～650未満	450以上～550未満	350以上～450未満

〈参考〉収穫にあたっては、未熟果出荷を防ぐため、事前に園の調査を実施し、適期収穫を励行する。収穫時期は、糖度計示度 18 度以上とし、果粒がやや黄色みかかった頃、収穫を開始する。

注：山梨県青果物出荷規格（シャインマスカット）より

産地ごとの出荷基準

主産地での出荷容器についてはパック詰め、1kg化粧箱、2kg箱、4kg箱、5kg段ボールなどがあります。品質について定めた等級には秀、優、良があり、秀が房型や粒揃い、熟度、着色など最も秀でています。重量について定めた階級は品種により異なります。シャインマスカットの一例を示すと**表４－９**のようになります。

また、小房のパックを中心にした出荷をする場合でも産地ごとに規格が定められており、最初から小房専用の果房管理（軸長や果粒数）に基づき、栽培されています。

このように各産地では、ＪＡ（農協）などによる出荷基準が作成されています。消費者においしいブドウを届けるために、また、産地の信用を低下させないためにも出荷基準を順守して出荷しています。

果実の貯蔵と鮮度保持

貯蔵の目的と鮮度保持

貯蔵の目的

シャインマスカットは巨峰やピオーネなどに比べ貯蔵性が優れており、3か月程度の鮮度保持が可能です。このため、出荷期間の延長ができるようになり、出荷の集中の解消や、クリスマスやお歳暮向けといった新たな需要への対応も可能となっています。さらに、近年は、海外への輸出も急激に増加しており、新たな販路拡大にも貢献しています。

このような状況のなか、産地にとっては長期貯蔵システムを確立することが、今後ますます経営的に重要なアイテムとなるでしょう。

緩衝資材を敷いたケース

貯蔵 90 日後の穂軸褐変の違い（右・穂軸に容器を装着して水分を補給）

コンテナに果房を収納

鮮度の判断

宅配や店先販売を行う場合も、果房の鮮度保持に気を遣わなければなりません。

ブドウの果粒には気孔がほとんどないので、収穫後の蒸散作用は果梗や穂軸で主に行われています。収穫したての新鮮な果房は穂軸がみずみずしい緑色をしていますが、時間が経つと水分が蒸散して穂軸は褐色に変化し、やがて果粒もしなびてきます。

　室温で放置した場合、2～3日後には果梗が褐変し始め、4～5日後には穂軸まで褐変するようになります。果汁成分の変化については、酸含量がほんの少し減少しますが、糖度の増減はほとんどありません。

　このためブドウの鮮度の判断は、穂軸の褐変程度が目安となります。

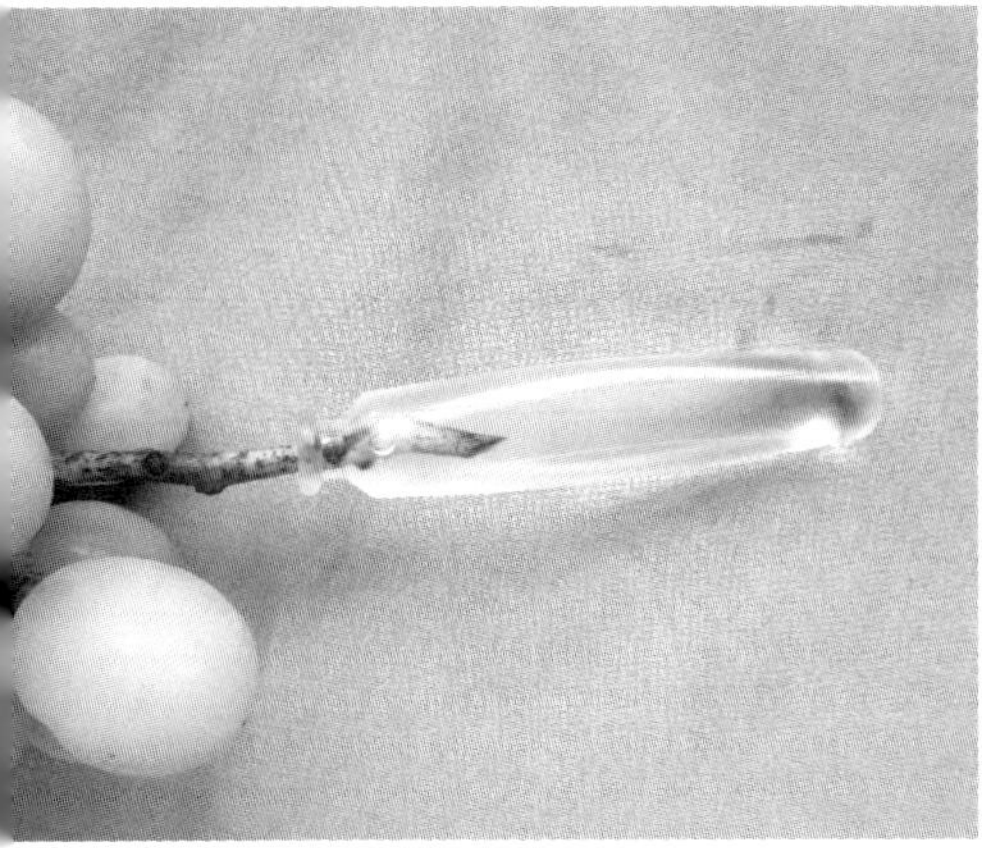

フレッシュホルダーを穂軸に装着

鮮度保持の方法

貯蔵中に品質を低下させる要因は、穂軸の褐変、脱粒、貯蔵病害や裂果の発生などです。

　これらの変化を極力抑えるためには、果粒が凍結しない範囲でできるだけ低温で湿度が高い状態に保つ必要があります。具体的には温度0～マイナス1℃、湿度95％で貯蔵しておくことが最も望ましいとされています。

　湿度が十分に確保できない場合には、コンテナをポリ袋などで密封し、穂軸からの蒸散を抑えるようにします。この場合、温度が高くなると貯蔵病害が発生しやすくなるのでできるだけ低温に保つようにします。

　搬入の際には、なるべく果房に振動をあたえないようにし、丁寧に取り扱うようにします。また、ブルームを落とさないように、直接手が触れないよ

図4－17　水分補給用プラスチック容器および 穂軸の挿入長

容器規格

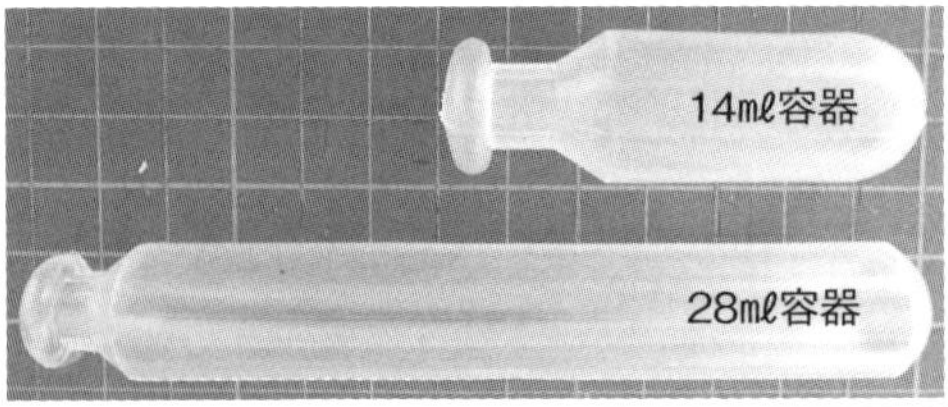

容器容量	規　　格
14mℓ	長さ60㎜ × 太さ20㎜
28mℓ	長さ120㎜ × 太さ20㎜

注：①商品名：フレッシュホルダー
　　②山形県農業総合研究センター

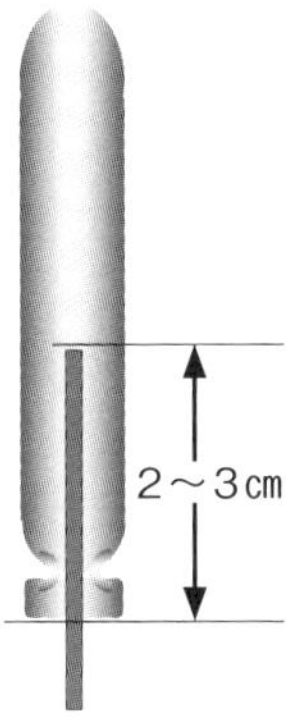

容器装着

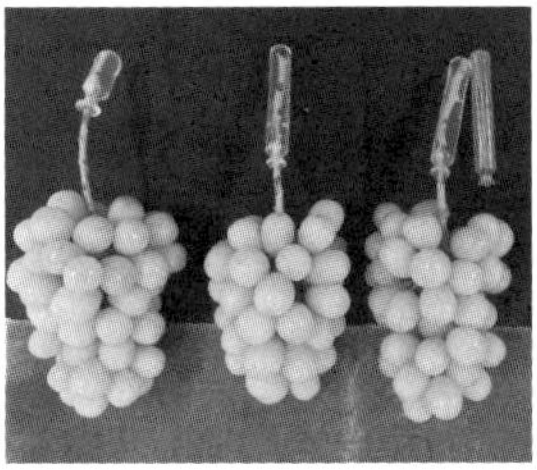

容器を装着した果房

う薄手の手袋をして取り扱うか、穂軸を手に持って取り扱います。

大きい果房の場合、自重により接地面の果粒が圧迫されて裂果することもあるので、吸水マットなどのクッションを下に敷くとよいでしょう。

容器装着での水分補給

水を入れたプラスチック容器を穂軸に装着して水分を果房に補給しながら貯蔵することで、3か月以上の貯蔵が可能となる方法が開発されています。

図4－18　容器の装着方法

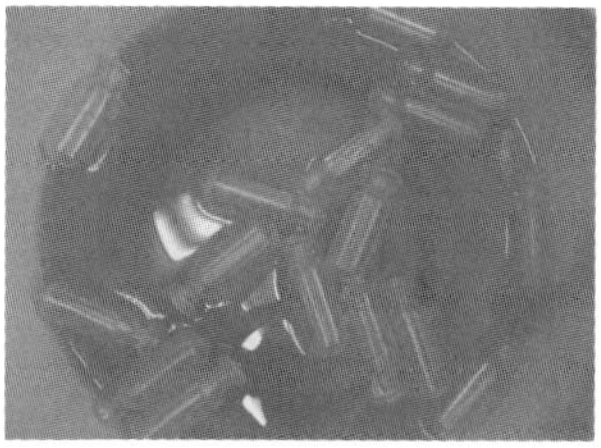

①バケツ等の中で、あらかじめ容器に水を入れておく

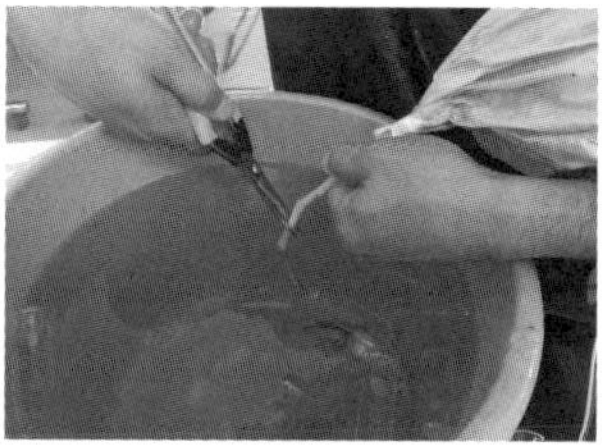

②穂軸が緑色の部分まで水きりする。切り口を斜めに切ると容器を装着しやすくなる

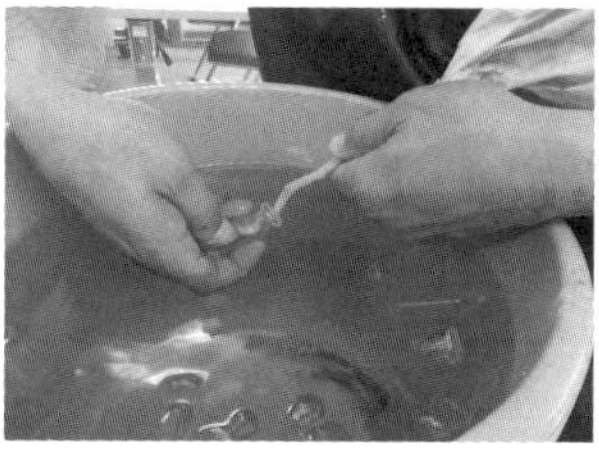

③穂軸に容器を装着する

④容器の装着

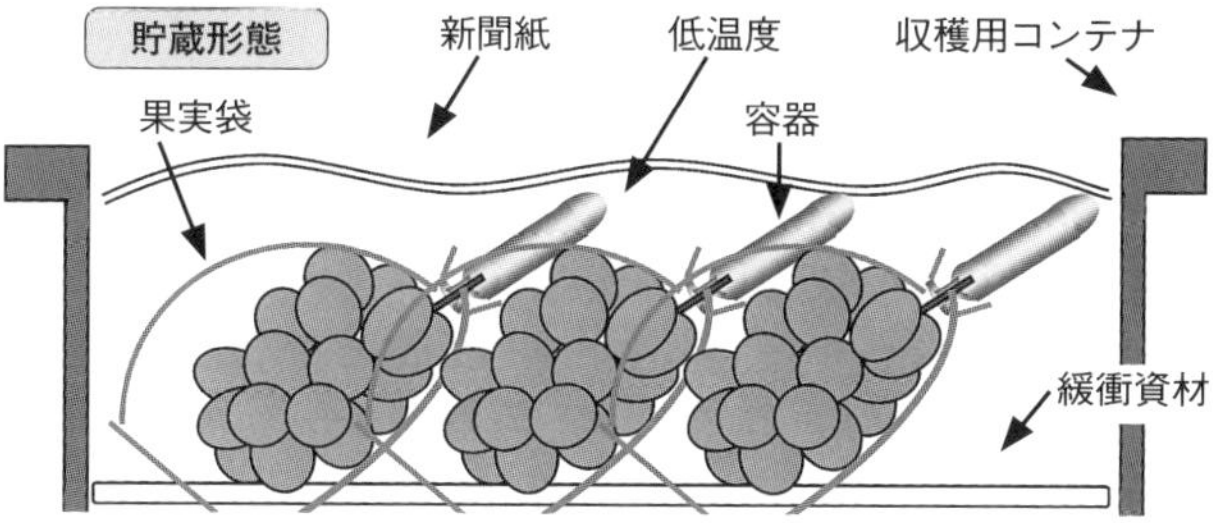

注：山形県総合農業研究センター

容器は市販されており（商品名フレッシュホルダー）、貯蔵期間によって大きさ別に使い分けられています。冷蔵庫の設定温度によって貯蔵期間は影響されますが、目安としては14mℓで容器は2か月程度、それ以上貯蔵する場合は28mℓの容器を使用します。

山形県で行われている貯蔵条件は、温度0・5℃、湿度90%で果房に直接冷気が当たらないように新聞紙やビニールなどでコンテナを覆うようにしています。コンテナの底には緩衝資材を敷いておきます（**図4－17、図4－18**）。

長野県などでも長期貯蔵のため、プラスチック容器を装着して穂軸の褐変を軽減し、水分消失による障害の発生を軽減しています。今後、鮮度保持のための新たな機能性資材が開発されたり、貯蔵庫の性能が向上したりして長期貯蔵を利用した販売体制が確立されていくことが考えられます。

休眠期の発芽処理と結果母枝の誘引

シアナミド剤の処理

休眠期の結果母枝に、発芽促進剤のシアナミド剤やメリット剤（液体肥料）を処理（塗布または散布）することで発芽を早めることができます。山梨県ではおおむね3～5日程度、発芽時期が早まります。

少しでも早く収穫をしたい場合や、未処理樹との労力分散をはかる場合に利用します。なお、発芽を早めるとともに、発芽率を向上させる効果もあります。

具体的な処理方法は**表4－10**のとおりですが、自発休眠が明ける時期以降（山梨では1月以降）の処理では発芽率は高まりますが、発芽を早める効果はありません。使用目的に応じた適期に処理を行う必要があります。

発芽促進処理

シャインマスカットは比較的発芽のよい品種ですが、太い結果母枝や短梢剪定樹の延長枝には発芽促進処理を行います。発芽促進には、発芽促進剤と芽キズの二つの方法があります。併せて行うとより効果的です。

発芽・展葉

表4－10　発芽促進剤の使用方法

薬剤名	使用目的	使用時期	使用濃度
CX-10 （有効成分：シアナミド10%）	生育促進	12月中旬～下旬	10倍
	発芽率向上	2月上旬～下旬	
メリット青 （液体肥料）	生育促進	1月上旬～中旬	原液
	発芽率向上	2月上旬～3月上旬	

シアナミド剤使用に際しての注意点
- 使用回数は1回とする（生育促進を目的に処理した場合は、発芽率向上の時期には処理しない）
- 樹勢が弱い場合や枝の充実が悪い場合は芽枯れが発生しやすいので使用を避ける
- 薬剤の付着をよくするため展着剤を添加する

図４－19　芽キズ処理の例

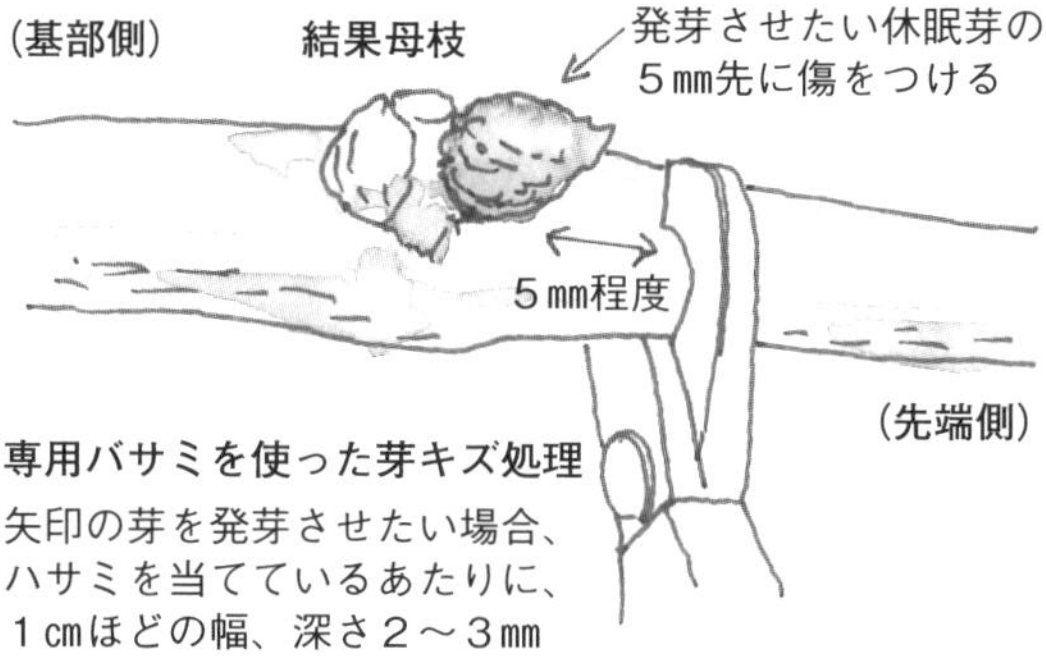

専用バサミを使った芽キズ処理
矢印の芽を発芽させたい場合、ハサミを当てているあたりに、１㎝ほどの幅、深さ２～３㎜で切り込みを入れる

芽キズ処理

芽キズ処理の目的と方法

発芽を早めることはできませんが、芽キズ処理は発芽率を向上させることができます。

ブドウを含む果樹では「頂芽優勢」という性質があり、先端の芽が優先して発芽します。これは植物ホルモンのオーキシン（頂芽から発芽を抑制する物質）が分泌され、下方にある芽の発育を抑制しているためといわれています。芽キズ処理は頂芽より下方にある休眠芽の直上にキズをつけ、先端から移行してくるオーキシンを遮断することで発芽を促進させます。

処理方法は**図４－19**のように、発芽させたい芽の上部５㎜の部位に幅１㎝、深さ2～３㎜で切り込みを入れます。芽キズ専用のハサミも市販されていますが、剪定バサミや糸鋸でも代用できます。

処理の適期は樹液流動が始まる10日程度前です。早過ぎると処理した部分が乾燥し、発芽促進効果が劣ることもあります。逆に遅れると処理部から樹液が流出し、芽がカビたり凍害を受けやすくなったりします。

枝の配置と結果母枝の誘引

樹液流動が始まると枝中の水分量が多くなるため、枝が柔軟になり誘引しやすくなります。

枝の誘引の目的は、太枝や結果母枝の発生角度や配置を適正にして養水分の流動を調節して樹全体のバランスを整え、棚面に均一に結果母枝を配置することです（次頁の**図４－20**）。

剪定時の留意点は、樹勢の調節はもちろん、受光態勢や作業性の向上、負け枝をつくらないことでした。枝の配置、誘引についても剪定と同様、これらのことを念頭に置いて作業を行うようにします。

図４－20　枝の配置と結果母枝の誘引

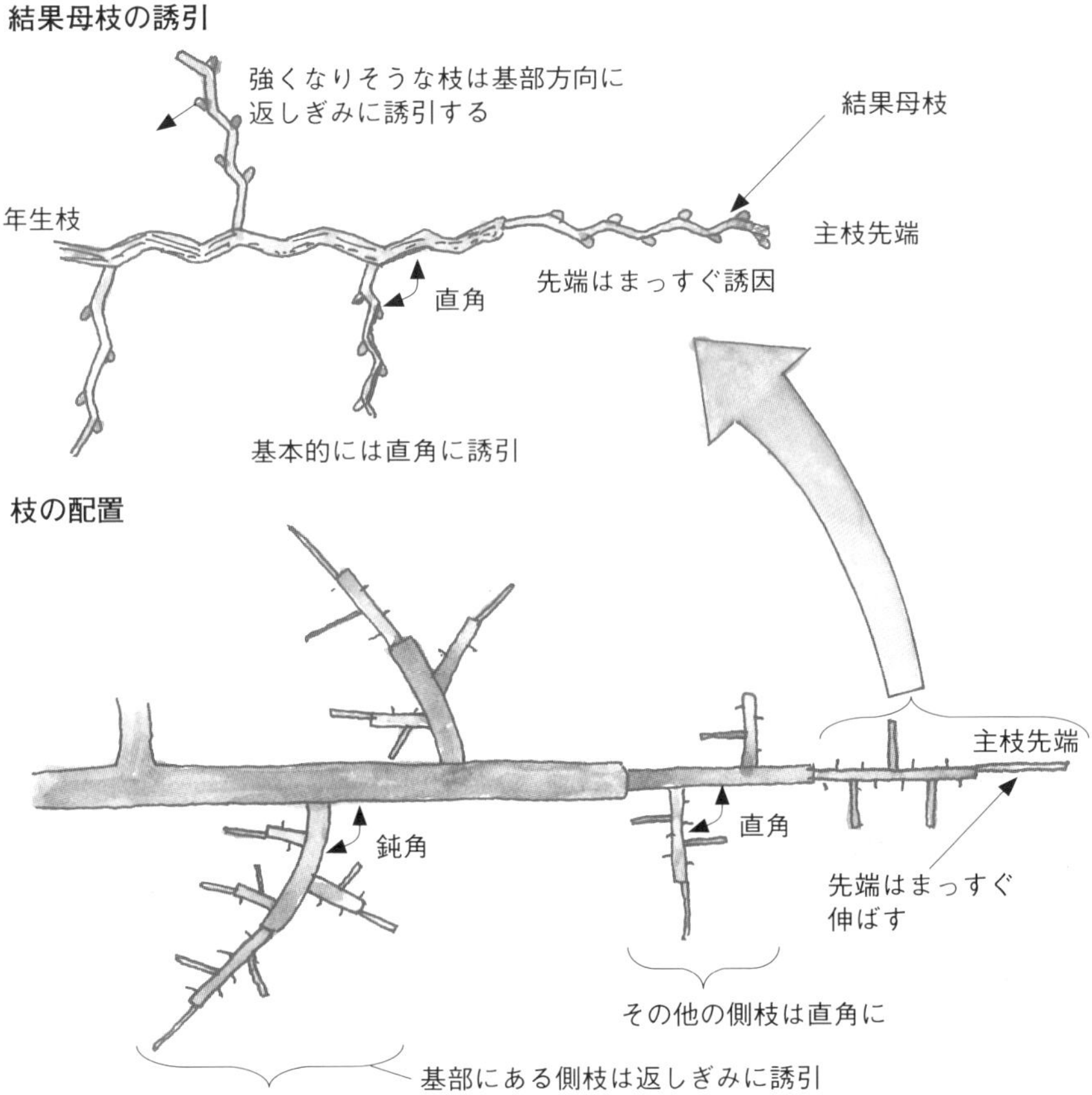

誘引の留意点

結果母枝誘引の留意点は以下のとおりです。

●新梢がなるべく重ならないように新梢が伸びた状態を想定しながら枝を配置します。

●主枝や亜主枝の先端など伸ばす部分は屈曲しないようにまっすぐ誘引します。

●伸ばそうとする枝に対して、強くなりそうな枝や基部に近い枝は返しぎみに誘引します。

●先端の結果母枝はまっすぐに誘引し、基部に近い枝ほど強く返して誘引します。

●太枝を振り直す場合は、樹液流動が始まってからゆっくり慎重に行います。無理な配置換えは枝の内部組織を傷つけ、着色や果粒肥大に影響するおそれがあるので注意が必要です。

第5章

土づくり・施肥と灌水管理

スプリンクラーで灌水の園内

土づくりの目的と土壌改良

土づくりは生産の基盤

土壌が硬く締まっていると、細根の発生が少なくなって、根の伸長が悪くなるため、土壌中に十分な養分があっても、養分が吸収されにくくなります。また、硬い土壌では裂果や縮果症、シャインマスカットでは未開花症の発生も多くなる傾向があります。

このため、堆肥などの有機物の施用や深耕などにより土壌の物理性の改善を行い、通気性、保水性、保肥力の向上に努めることが大切です。

「土づくり」は高品質なブドウを生産するためのまさに土台、基盤であるといえます。来作に向け、しっかり取り組みます。

園地には堆肥などの有機物を施用

有機物の施用

有機物が土壌中に投入されると微生物が活発に働くようになります。その際、微生物が出す物質が土壌の粒子と粒子を結びつけ、団粒の形成がはかられます（**図5－1**）。

土壌の団粒化が進むと、団粒内外に隙間ができるため、保水性や通気性、排水性などの物理性が良好な状態になっていきます。

図5－1　土の構造

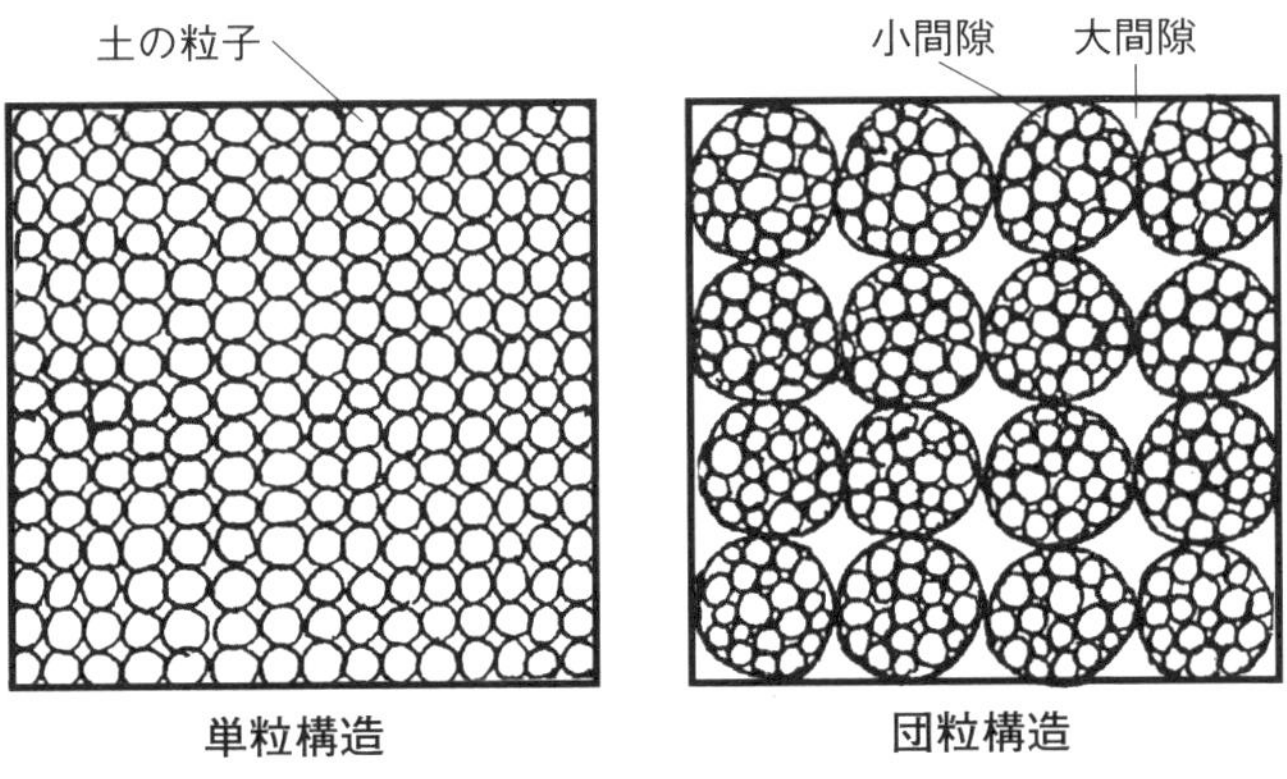

有機物の施用量は、10a当たり1tを目安とします。ただし、堆肥の種類や自園の土壌条件により適宜調整します。

有機物を施用した場合の配合肥料の施用量は、堆肥の窒素割合を考慮して

表５－１　堆肥等有機物質資材中の肥料成分

資材名	窒素(%)	リン酸(%)	カリ(%)
牛糞堆肥	1.7	1.7	1.9
豚糞	4.0	7.5	2.1
鶏糞	4.2	5.0	2.4
バーク堆肥	2.6	1.2	1.0
ナタネ粕	5.1	2.5	1.3
稲わら	0.8	0.4	1.9

（山梨県農作物施肥指導基準、山梨県果樹試験場分析データ）

バーク堆肥

完熟の発酵堆肥

牛糞堆肥

団粒の土壌を形成

調整し、園に投入する合計窒素量が過剰にならないようにします。

なお、未熟な堆肥を施用すると、紋《もん》羽病《ぱびょう》などの土壌病害の感染源になるおそれがあるほか、分解時に土中の窒素を消費し、窒素飢餓を引き起こす可能性もあるので、完熟した堆肥を施用します（**表５－１**）。

有機物の種類

前に述べたように、有機物の施用は物理性の改善に効果的ですが、有機物の分解特性や含有成分を把握して利用することが重要です。

次に果樹園で比較的多く利用されている堆肥の特徴を挙げておきます。

牛糞堆肥

牛糞におがくずやわら、籾殻などを加えて堆肥化したものです。

肥料としての効果は比較的穏やか

で、物理性の改善の効果が高いといえます。カリを多く含むため、カリが過剰になっている園では注意が必要となります。

鶏糞堆肥

鶏糞堆肥は肥料成分が多く、牛糞堆肥の3～4倍、豚糞堆肥の1・5～2倍を含有しています。このため、化学肥料と似た効果が得られます。

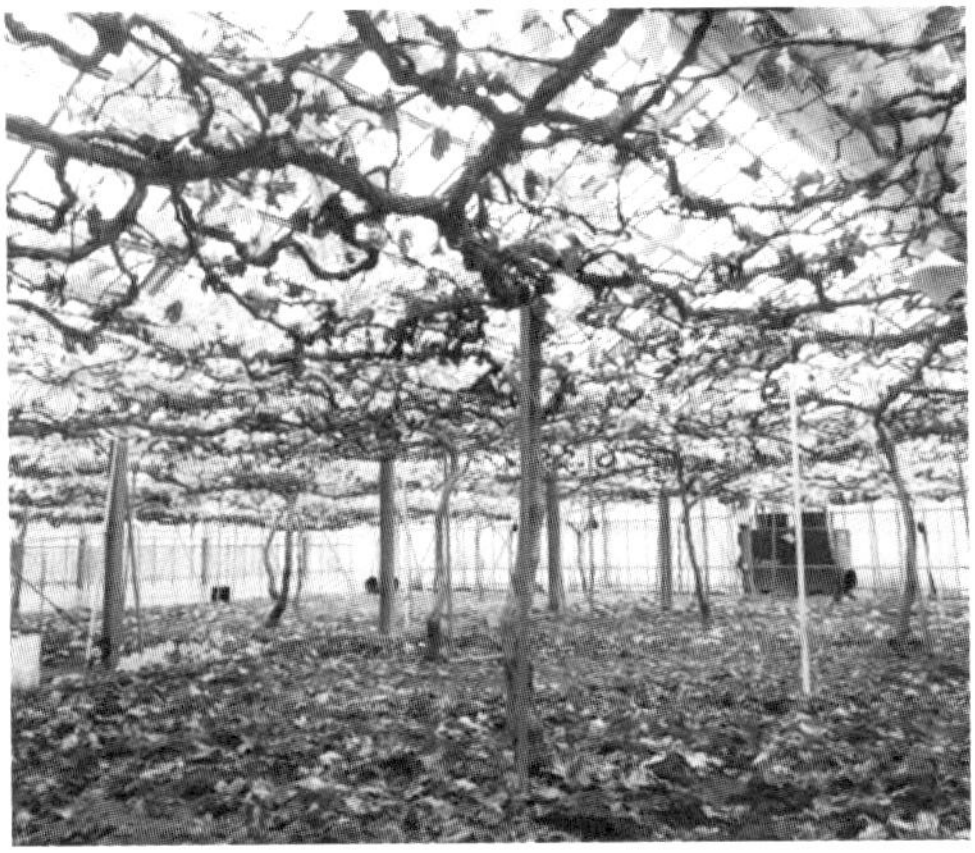
落葉期の園地

豚糞堆肥

豚糞におがくずや稲わらなどを加えて堆肥化したものです。肥料としての効果は牛糞堆肥と鶏糞堆肥の中間で、肥料効果と物理性の改善効果が期待できます。

バーク堆肥

バーク堆肥は、広葉樹や針葉樹の樹皮を長期間堆積して発酵させたものです。添加物として鶏糞や尿素が含まれているものもあります。土壌の間隙を増やすので、保水性や通気性など物理性の改善効果が高いため、深耕時の土壌混和に適しています。

散布用の堆肥を準備

深耕の効果と実施

深耕の効果

硬く締まった土壌の物理性を改善するためには、有機物の施用と併せて深耕は非常に効果的な手段です。

ブドウの根域は比較的浅く、30～40cm程度の深さに根が集まっています。土壌の物理性を改善するためには、全面を深く耕すことが最も効果的ではありますが、これでは多くの根を切ってしまうため現実的ではありません。

タコツボ方式と条溝方式

そこで、部分的に深耕するため、樹の周囲の数か所に穴を掘るタコツボ方

図５－２　有機物の深耕施用方法

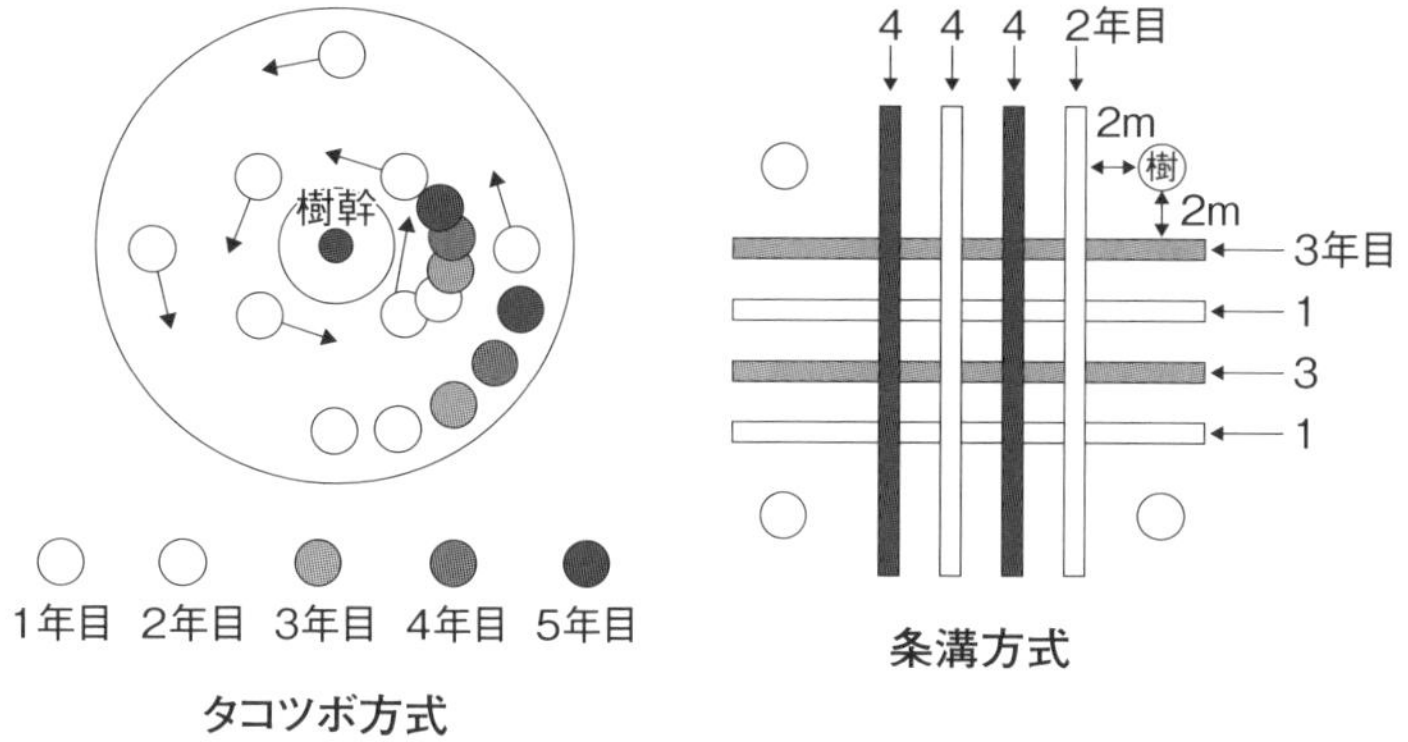

タコツボに堆肥を埋め戻す

グロースガンの利用

小型バックホーでの条溝深耕

式と、直線的に溝を掘る条溝方式があります（**図５－２**）。成園では、根の切断が比較的少ないタコツボ方式が適しています。

一方、粘土質土壌などの水はけの悪い園では、掘った穴に水が溜まりやすいため、樹幹からやや離れた部分に溝を直線的に掘る条溝方式が適しています。また、根群の少ない未成園でも条溝方式がよいでしょう。

タコツボ、条溝のいずれの方式でも、深耕の深さは30㎝程度を目安に行い、埋め戻す際に堆肥を投入すると効果が高くなります。実施の際は、断根による樹勢低下を避けるため、５～６年かけて樹幹周辺を一巡するよう計画的に実施します。

なお、土壌が硬くなり過ぎて深耕が難しい場合には、バンダーやグロースガンなどを利用し、土壌中に空気を注入する方法も有効です。さらに、空気を注入する際、土壌改良資材や肥料などを同時に投入するとより効果的となります。

施肥設計の基本と施用方法

土壌分析と施肥設計

肥料を適正に施すためには、まず園内の土壌の化学性（養分含量）と樹の状態を把握することが必要となります。樹の状態については、生育期に新梢の伸び、養分欠乏症の発生の有無などから確認します。

自園に合う施肥設計を行う

土壌の化学性については、土壌分析により把握することができます。土壌分析はJA（農協）や農業関係の公的機関で行われていますので、ぜひとも実施して診断結果を施肥設計の参考にします。健全に生育している園でも3年に1回くらいは実施し、欠乏症や過剰症を未然に防ぐようにします。土壌の採取方法等は検査機関の指示に従ってください。

土壌分析では、一般的に石灰、苦土、リン酸、カリ、pHの状況を調べることが可能です。

次項に土壌pHと各成分の働きを示しますが、いずれの成分についても、適正な量がバランスよく土壌中に含まれていることが重要となります。多く施用すればするほど収量が増すものではなく、過剰に投入してしまうと他の成分の吸収阻害、過剰症など悪影響を及ぼすおそれが出てきます。分析結果をふまえて自園に合うよう調整し、施肥設計を行うようにしてください。

窒素欠乏の葉

なお、窒素については肥料3要素の一つであり、植物の生育を左右する重要な肥料成分ですが、一般的な土壌分析では窒素含量が把握できません。このため、生育期の新梢の伸び、葉の色、葉の大きさ、樹勢を思い起こし、施用量の調整を行うようにします。

参考までに樹齢別、時期別の施肥量の目安を甲斐路《かいじ》系品種を例に**表5－2**で紹介します。

表5－2　施肥量の目安（甲斐路系）[z]

(1) 樹齢別施肥量（kg/10a）

樹齢	窒素	リン酸	カリ	苦土石灰
1～3	—	—	—	40
4～6	8	6	5	60
成木	12	9	8	100

(2) 成木における時期別施肥量（kg/10a）

時期	窒素	リン酸	カリ	苦土石灰
10月中旬	—	—	—	100
11月上旬	12	9	8	—

注：[z]農作物施肥指導基準（山梨県農政部）

土壌pHと成分の働き

土壌pH

土壌pHは土壌が酸性かアルカリ性かを示し、土壌の化学性を判断するのに欠かせない指標です。

土壌の性質がどちらかに傾くと、微量要素の吸収などに影響を及ぼし、生育障害の発生につながります。

シャインマスカットでは第2章で述べたとおりpH6・5～7・5が適正範囲です。土壌診断の結果、酸性に傾いている場合は石灰質資材を施用し矯正します。また、pHが高い場合は石灰質資材の使用は控え、pHの上昇を抑えるようにします。

堆肥を効果的に施用

リン酸

リン酸は、開花結実や果実の成熟、枝の登熟などに関係しています。

水に溶けにくく移動性が低いのが特徴です。また、鉄やアルミニウムに結合すると根からの吸収がされにくくなります。特に火山灰土壌ではこの傾向が強いので注意が必要です。

堆肥などの有機質資材にはリン酸が土壌に固定されるのを防ぐ効果があるので、火山灰土壌では有機質資材を積極的に施用するとよいでしょう。

なお、リン酸の過剰症は症状が現れにくいので、ついつい慣行どおりに施用してしまいますが、多く与えても効果は期待できませんので過剰な施用にならないよう注意してください。

カリ

果粒肥大や着色などに影響します。カリが不足すると生育が抑制されて果粒の肥大不足や生育の遅延などが起こります。一方、過剰になると石灰や苦土の吸収が抑制され、これらの成分の欠乏症を誘発しやすくなります。

近年、カリが過剰傾向の園が多く見られます。カリ過剰の原因は、カリを含む肥料が多いだけでなく、牛糞など家畜糞系堆肥や稲わらなどから多量にカリが供給されるためであると考えられています。施肥にあたっては肥料だけでなく、堆肥などの資材から供給される成分量を考慮して、過剰にならないように注意する必要があります。

カリ不足の葉の症状

石灰

石灰（カルシウム）は、収量や果実品質への影響のほか、土壌pHを上昇させる作用があります。欠乏すると生長点の生育が停止するため、生育が抑制されます。過剰になると土壌pHが上昇し、ホウ素やマンガンなどの微量要素の吸収を妨げるため、養分欠乏症が発生しやすくなります。このため、石灰質肥料を施用する際には、**表5－3**に示したように、園の土壌pHに応じた資材と量を選択するようにします。

苦土不足の「縞葉」

苦土

苦土《くど》（マグネシウム）は、葉緑素の構成成分です。欠乏すると葉脈間の葉緑素が失われるため葉が黄化してきます。現場では「縞葉《しまは》」や「とら葉」などと呼ばれています。葉の葉緑素が減少して光合成能が低下するので、糖度の低下につながります。

土壌分析で適正値以下になった場合は、基準値に達するように硫酸苦土を施用します。なお、基準値内であっても樹勢が強い樹では基葉《もとば》を中心にしばしば発生します。これは、先端葉をつくる材料として基葉から苦土が移動しているためで、新梢先端を摘心することで軽減できます。

なお、苦土とカリ、石灰は交換性塩基と呼ばれています。一つのグループと考えると、それらの総量はもちろん各成分のバランスが重要です。

土壌中に十分に含まれていてもバランスが崩れていると吸収が阻害されることがあります。土壌分析では比率についても値が示されるので参考にしていただきたいと思います。

表5－3　土壌pH別の石灰質肥料の施用例

土壌pH／肥料の種類	5.5以下	5.5～6.0	6.0～6.5	6.5以上
石灰質肥料	生石灰 消石灰	苦土石灰	サンライム	エスカル
苦土肥料	高苦土石灰	苦土石灰 水酸化苦土		硫酸苦土

注：①石灰質肥料はカルシウムを主成分とする肥料。作物の栄養としても大切だが、日本に多い酸性土壌の中和剤として用いられる
②種類には生石灰、水に溶けやすい消石灰、さらにマグネシウムを合わせて含む苦土石灰などがある

施用方法と施肥時期

基肥

基肥《もとごえ》は、樹体の生育や果実の肥大・成熟のために必要となる大部分の養分を供給します。ブドウの場合、ベレゾーン以降の新梢の遅伸びは果実品質を低下させるので、窒素が生育初期に高く後半は緩やかに低下するような肥効が理想とされています。このため、生育初期に重点的に効く基肥中心の施肥体系が適しています。

養分流亡が著しい土壌ではないかぎり、年間で施用する肥料分のほとんどを基肥として施用します。施用は、生育初期の養分吸収に間に合うようにします。このため、肥料成分中の有機物の分解速度を考慮して、落葉後の10月下旬から11月に施用します。

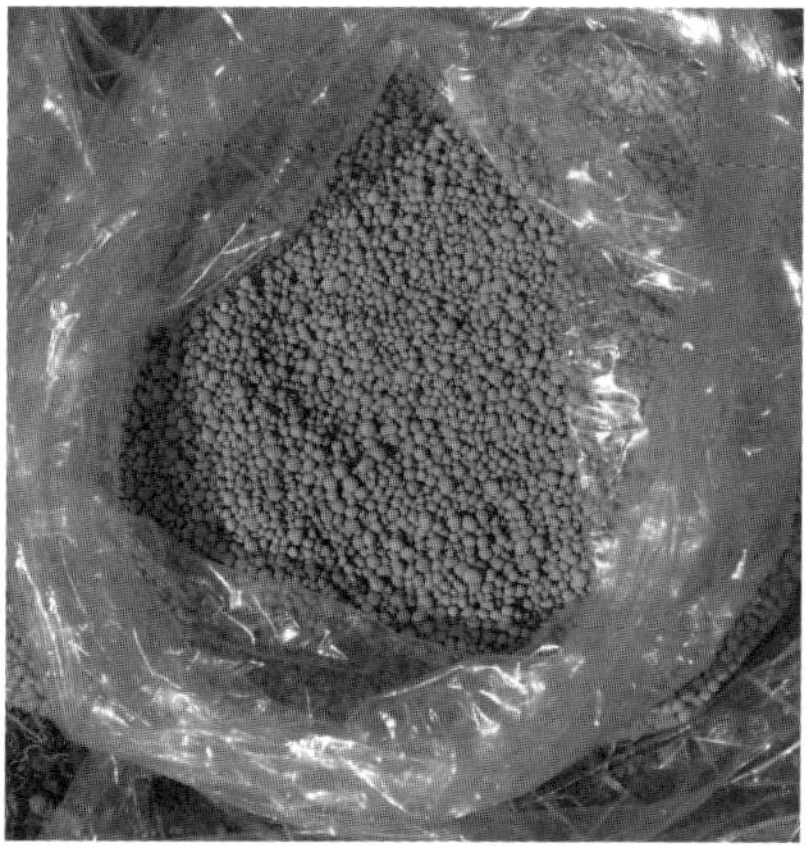
苦土石灰

追肥

先に述べたように、ブドウでは生育に必要な養分のほとんどを基肥でまかないますが、生育中に新梢の伸びが悪く樹勢が低下している場合や葉色が薄くなった場合には応急措置として追肥《ついひ》

が必要となります。ただし、生育期間中の窒素の追肥は、新梢の徒長をもたらす場合が多いので施肥量には十分注意する必要があります。

一般にシャインマスカットでは、基肥中心の施肥で十分であり、追肥の必要性は少ないと思われます。

礼肥

礼肥《れいごえ》も必須の施肥ではありません。

必要な養分のほとんどを基肥でまかなう

地力が低く樹の疲労が大きい場合などに、葉を回復させ貯蔵養分の蓄積を助けるために施用します。

ただし、新梢が旺盛に伸びている樹では遅伸びを助長し、貯蔵養分の浪費につながるため施用しません。収穫後から基肥の施肥まで期間が比較的短いシャインマスカットでは、基本的には礼肥は施用しない場合が多いです。

葉色が薄く樹勢が弱い樹で施用する場合は、秋根が伸びる時期に速効性の窒素を中心に年間施肥量の2割程度を施肥します。

即効的な葉面散布

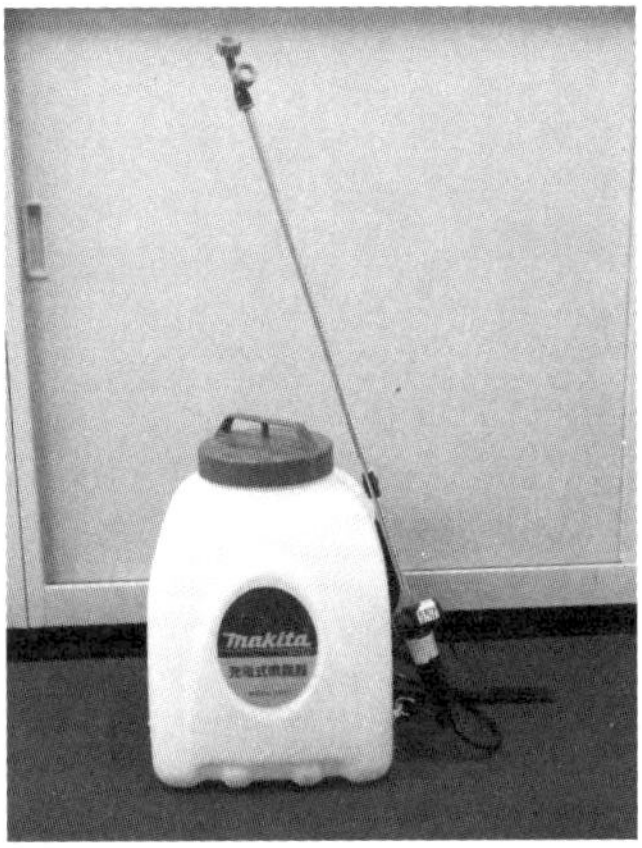

肩掛けの噴霧器

葉面散布

葉面散布は即効的な養分補給を目的に、肥料溶液を噴霧器などを使って葉面に散布する施肥方法です。

土壌への施肥による根からの吸収とは異なり、迅速な肥料効果を求める場合に適しています。ちなみに葉に付着した養分の半量が吸収される時間は、窒素（尿素）で1～24時間、マンガンやカリで1～4日、リン酸で1～2週間とされています。

このように、比較的吸収が早く、また微量であることから、マンガンやホウ素などの養分欠乏症が発生した場合や一時的に生育が遅れた状況で樹勢を早く回復させたりする場合などに適しています。

施肥の範囲

肥料養分は根から吸収されるので、吸収効率を高めるためには根が多く分布するところに施肥します。

地下部は目には見えませんが、枝のある樹冠下に根が分布するといわれているので、樹冠下の土壌表面に施用します。

施肥後は、耕耘機などで表土と肥料を軽く混和します。ただし、棚が埋まっていない若木の園で、根が分布していない部分からは肥料は吸収されず、流亡する量が多く無駄になってしまいます。このため、若木では全面施肥ではなく主幹周囲を中心に施肥を行います。

水分管理と灌水のポイント

ブドウの吸水量と灌水

ブドウは他の果樹に比べると、土壌の乾燥に強いとされています。

ブドウの場合、むしろ降雨が少なく乾燥した状態のほうが、病害の発生も少なく、糖度も高くなり果実品質がよくなることが多いからです。通常、よほどの干ばつにでもならない限り、減収など負の影響は少ない樹種です。

しかし、シャインマスカットも含めて日本の生食用のブドウ栽培は、ほとんどが棚栽培であり、1樹の樹冠が広いのが特徴です。収量だけでなく果実品質も重視するため、生育ステージに適した土壌水分の管理が必要です。日本では年間を通じて降雨はありますが、発芽前の3月、梅雨入り前、梅雨明け後などは降水量が少なく、ブドウでも水不足になりやすい時期です。

ブドウの給水量は、樹冠の大きさや根の広がりによって違ってきますが、成木園では5～10月で1日当たり平均2・2～3・3㎜、7～8月で平均4・2～9・8㎜との研究報告があります。

夏場は多めの灌水が必要（成木園）

夏場は多めの灌水が必要になること

表5－4　生育ステージ別の灌水の目安

生育ステージ	灌水量(㎜)	灌水間隔	注意事項
樹液流動開始前	25～30	乾燥時	晴天時の午前中におこなう
発芽期～開花前	25～30	7日	乾燥すると落蕾を助長するので注意する
ジベレリン処理時期	散水程度		湿度を保つ程度に散水する
落花期～果粒肥大第Ⅰ期	20～30	5日	梅雨明け後の高温乾燥に注意する
ベレゾーン～収穫期	10～15	5～7日	収穫直前はやや控えめにする
収穫後	15	10日	土壌に凍結層ができる前に十分灌水しておく

注:『ブドウの郷から』(山梨県果樹園芸会)より抜粋して加工

がわかります。天気予報を参考にして、好天が続きまとまった降雨が見込めない場合、1日当たりの給水量を考慮した灌水を生育ステージに合わせて適時実施する必要があります。

生育別の水分管理

樹液流動期

気温の上昇とともに地温も高まってくると、根から養水分の吸収も始まり、樹内で樹液の流動が始まります。この樹液の流動が始まるときに土壌が乾燥して、樹が水分不足になると発芽が遅れたり、発芽が不揃いになったりして、その後の生育に大きなマイナスになります。また、発芽期の極端な水不足は、ホウ素などの微量要素の吸収が十分にできないため養分欠乏症の原因にもなります。

花振るいが発生

雨が少なく、土壌の乾燥が続く場合は、枝の切り口から樹液が漏れ出てくる樹液流動の前後に25～30㎜程度を灌水します（**表5－4**）。

灌水の間隔は、土壌が乾いた時点でよいですが、草生栽培園では草との水分競合が起こるため、定期的な灌水を心がけてください。晴天時の灌水は地温を高める効果もあるため、暖かい日の午前中に灌水するとよいでしょう。

発芽期～開花期

発芽期から開花期は、新梢の伸長が進み、花穂の生育期間となります。開花前の極端な水不足は、ホウ素欠乏な

摘粒後の状態

肥大前の果粒

どによって花振るいが発生しやすくなります。

　発芽期以降、雨が少ないときに1週間に1回程度、株元を中心に25～30㎜程度を灌水して、新梢の伸長と花穂の発育を促します。特に開花10日前くらいに土壌が乾燥しているときは、しっかり灌水します。

　シャインマスカットはジベレリンで種なし栽培するため、その効果を高めるためにも園内の湿度を高めたほうが有利です。処理の前後に乾燥が続くようなときは、夕方に軽く散水します。

　一方、ジベレリンの処理直前に大量に灌水すると、新梢の伸長が旺盛になって花振るいが発生しやすくなります。過度な灌水にならないよう計画的に灌水します。

日焼け果の発生

落花～果粒肥大第Ⅰ期

　果粒の大きさは、細胞数と細胞の大きさで決まります。

　ブドウの細胞分裂は、満開後の1か月間くらいが盛んであり、その後細胞が肥大します。ベレゾーン（水まわり）までは果粒は硬いままですが、急速に果粒が大きくなるため、最も水を必要とする大事な時期です。

　通常、この時期は梅雨になるため、降雨が多い場合は灌水の必要はありません。しかし、空梅雨の場合は、葉の蒸散量が増加するため水分不足になることもあります。特に梅雨明け後は土壌乾燥に留意します。降水量が少ないときは、5日間隔で20～30㎜の灌水を実施します。

果粒肥大第Ⅲ期

　果粒が急速に軟化するベレゾーン以

降、果粒の糖度上昇と酸の減少が始まり、成熟ステージに移行します。また、後期の果粒肥大期でもあるため、水分の供給は重要です。

糖度の上昇や成熟の促進のため、土壌はやや乾燥ぎみが適しています。しかし、極端な土壌乾燥は、葉の気孔が閉じることで光合成が阻害されて、糖度の蓄積に悪影響となります。

梅雨明け後の高温期でもあるため、根からの吸水が追いつかないと果粒のしなびや葉の周囲が焼ける日焼けが発生します。

シャインマスカットではまれですが、高湿度が続いた後に一気に大量の灌水をすると裂果の原因になります。この時期の過剰な灌水は、果粒肥大への効果は少なく、むしろ副梢の発生・伸長などの遅伸びを助長します。

この時期の灌水は、極端な土壌乾燥にならないようにやや乾燥ぎみに管理することがポイントになります。降雨が少ない場合、5～7日の間隔で10～15㎜の灌水量として、収穫の直前は灌水をやや控えめにします。

乾燥ぎみの園地

スプリンクラーによる散水

収穫後

収穫後の灌水は、それほど気にする必要はありませんが、乾燥が続いた場合、礼肥の効果を高めるために灌水します。10日間隔で15㎜程度が目安です。

落葉後は、凍害の防止のために厳寒期前（寒い地域では、土が凍結する前）に十分な灌水をします。冬季の干害防止のために主幹の周囲2～3ｍに敷きわら（厚さ10㎝程度）などのマルチが効果的です。春先は地温の上昇が妨げられて発芽が遅れるため、発芽前には敷きわらなどのマルチ資材は取り除きます。

ドリップ灌水

小型スプリンクラー（吊り下げ式）

灌水の方式と実際

スプリンクラー

畑地灌漑事業などによって、比較的平坦に整備された園地では、農業用のパイプラインに接続された定置式のスプリンクラー方式で灌水するのが一般的です。

灌水の立ち上げ

この方式の場合、大きな貯水池や農業用ダムなどの水源が必要です。スプリンクラーによる灌水は、水源からの落差に伴う水圧や加圧ポンプを利用します。園地内を均一に降雨に近い状態で灌水でき、効率的な水管理と灌水作業の省力化に役立ちます。

一例では、1基当たり全園で全開の散水状態で1分当たり16ℓ、約20ｍの範囲を散水し、1時間で5～6㎜散水できます。10ａで7基が目安であり、1基当たり143㎡をカバーします。自分の園地に設置されているスプリンクラーの散水能力（利用可能な水源量、散水範囲、散水量）を把握して、灌水量や灌水時間を決めます。

スプリンクラーから発出した水が果房や新梢に直接当たると傷になって病害の発生を助長します。そのようなときは、水が直接当たらないように散水角度を調節します。

草生園では、草が繁茂してスプリン

クラーに絡まり、回転を止める場合があるので、スプリンクラーの周囲は除草が必要です。また、草丈が高いと散水にムラが出るので、灌水前の草管理も重要です。

ポンプやかけ流しの利用

園地の近隣にある水路や井戸などを水源にする場合、水路から園地に水を引き込んでかけ流す方法と灌水ポンプを利用して、園内に水を引き込む方法があります。

灌水ポンプには、エンジン式とモーター式があります。スプリンクラーに比べて、局所的な灌水になりやすくなります。

移動式の散水ホースや小型のスプリンクラーを利用する場合、散水個所をこまめに移動して園内を均一に灌水するようにします。特に、水はけがよく保水性の低い砂質土壌では、水不足にならないように生育ステージに応じてこまめな灌水を心がけます。

草生の園地

水源のない場合

園地の近くに水源がない場合、ＳＳ（スピードスプレーヤー）や大型のタンクなどを使って水を園地まで運び、樹幹の周囲に畝をつくって灌水します。ドリップ（点滴）灌水も節水になります。園地の近くに大きめのタンクを設置して雨水をためて灌水する手立てもあります。

このような園地では、頻繁な灌水は難しいので、樹幹の周囲に敷きわらや刈り草、ビニールシートなどでマルチして、土壌表面からの水分の蒸発を極力抑えるような管理も必要です。

第6章

気象災害と生理障害・病虫害

黒とう病の初期症状

気象災害の発生と防止対策

気象災害と被害軽減

ブドウに限らず農作物は気象に大きく影響を受けます。露地で栽培している以上、気象災害を完全に防ぐことはできません。

しかし、気象情報に注意して事前対策を講じ、事後対策を徹底することで被害を軽減することは可能です。

凍干害

冬季の低温や乾燥による凍害がしばしば見られます。凍害を受けると、発芽の不揃い、芽枯れ、結果母枝の枯れ込みなどの被害があり、主幹部に亀裂が入り枯死することもあります。

貯蔵養分が不足している樹や、結果母枝の充実不良の樹、若木で特に徒長的な生育をしているような場合は凍害を受けやすくなります。

また、厳寒期を過ぎ耐寒性が低下した後、春先の戻り寒波などにより低温に遭遇した場合も凍害を受けやすくなります。

凍結による土壌の乾燥を防ぐため、凍結層ができる地域では凍結層ができる前にたっぷり灌水をします。主幹の周囲2mほどに敷きわらなどを行い、土壌の凍結と乾燥を防止します。特に欧州系品種では、幹や太枝にわら巻きなどを行い防寒対策を徹底します。

周囲を防風ネットで囲む

台風(大雨・強風)

棚仕立てのブドウは立木に比べ強風には強いのですが、棚が倒壊するような場合、被害は甚大になります。

台風の接近により強風が予想される場合には、棚やつか杭などを点検し補修・補強を行います。収穫前の園では強風による房の落下や葉ズレなどを防ぐため、棚の周りに防風ネットを設置します。

雨よけ施設では、特に風が強い場合にはフィルムを巻き上げて倒壊を防ぎます。収穫期を迎えている園では地域の指導機関の指示に従って収穫するか判断しますが、未熟な果房は収穫しないようにします。

台風が通過後、園地が滞水している

場合は、速やかに排水をします。結果母枝や新梢が棚から外れている場合は再度誘引し、カサのかけ直しなども行います。果房をチェックして葉ズレや裂果、打撲のひどい果粒があれば摘粒します。

カサのかけ直し

雹被害

雹害

地上の気温が高い日に上空に寒気が入ってくるような気象条件、特に山梨県では6～7月に降雹による被害が多く見られます。事前の対策としては防雹ネットの設置が有効ですが、降雹の頻度が少ない地域では現実的ではなく、事後対策が中心となります。

事後対策は、生育ステージに応じた対応となります。枝葉の損傷が大きい場合は、薬剤散布と摘心などの新梢管理が必要です。果房では被害程度を確認し、裂果や打撲がひどい果粒は摘粒します。袋かけを終えている果房も袋内を確認し、傷がある果粒は除去します。

ハウスの補強に万全を期す

大雨（裂果）

成熟期の前または成熟期にまとまった降雨があると、果粒に過剰な水分が入り裂果が発生します。特に、高温乾燥が続いた後の大雨は裂果を助長します。また、成熟期に曇雨天が長く続いた場合に葉からの蒸散が抑制されたときも裂果が助長されます。

極端な乾燥状態にならないように定期的に灌水を行うようにします。また、成熟期には蒸散器官である葉を一気に減らさないように極端な新梢管理は控えます。

長期的には土壌の物理性を改善し保水性や透水性をよくし、暗渠や明渠などを設置し園地が滞水しないよう排水対策を講じます。

大雪

天気予報の積雪に関する情報に注意し、降雪のおそれのある場合には事前に対策を講じておきます。

特にハウス栽培では補強に万全を期すとともに、被覆前の場合は被覆時期を延期します。被覆直後で低温に遭遇しても影響がない場合は、フィルムの巻き上げや除去も選択肢の一つとなります。

加温を開始しているハウスでは、加温による融雪効果は着雪してからでは効果が劣るので、降雪直後から加温を始めます。カーテンがある場合は、カーテンを開放して屋根の融雪を促すようにします。

雨よけハウスでは、降雪前にフィルム、防鳥網は必ず撤去するか巻き上げておきます。

生理障害の発生と防止対策

品種の長所と固有の生理障害

ブドウは果樹のなかでも比較的、生理障害の多い樹種です。シャインマスカットは欧州系の性質が強い品種ですが、皮が薄いわりに裂果は少ない長所があります。

一方、栽培面積が増えるとともに、シャインマスカット固有の生理障害が知られてきました。参考までに１２７頁の**図６ー１**に、生育ステージごとのシャインマスカットの主な生理障害の症状（島根県農業技術センター）を紹介します。

カスリ症の発生

主な生理障害

カスリ症

症状

ベレゾーン（生長曲線第Ⅲ期）後の成熟期以降に果皮表面が薄墨状に褐変する果面障害です。発生は、樹齢や作型で異なります。幼木では、満開75～80日頃で糖度が17％を超えたときから発生し、特に小粒で発生します。成木になると発生が少なくなります。

加温栽培は、ちょうど成熟期が梅雨と重なります。低日照のため糖度の上昇が少なく、糖度16％未満であっても満開75～90日頃に発生し、被害が重症化しやすい特徴があります。

原因と対策

果皮の表皮ではなく、その下部にある亜表皮で発症します。果皮が老化して亜表皮の細胞が壊れ、ポリフェノールが細胞間に漏れ褐変します。成熟期が低日射で多湿になると発生しやすくなります。

カスリ症の多い園地の土壌は、カルシウムは少なく窒素が多い傾向があります。発症の多い園地では、窒素を少なくしてカルシウムを多めに施肥します。果房周囲が低日射と高湿度にならないよう管理します。

モザイク萎縮葉症

また、カルシウムの養分競合を抑えるためにこまめに副梢の摘心や夏季剪定をします。送風ファンも有効です。加温栽培では、果粒肥大と糖度上昇の停滞がないよう収量と果粒肥大を控えることが重要です。

モザイク萎縮葉症

症状

葉が萎縮して小型化し、モザイクが入り、葉色があせます。多発すると光合成が低下する懸念があります。

露地栽培や無加温栽培では、主に副梢に発生するため、現状では果実品質や収量には影響が少ないといえます。植えつけ直後の1年生樹でも発生することがあります。加温栽培では、温度の影響で発生が早い場合があります。

原因と対策

発生には、温度が大きく影響することがわかってきています。発芽・展葉期の気温が24～26℃になると発生が多くなります。加温栽培では、発芽後の展葉7枚くらいまでは、夜温を15～16℃に、昼温は18℃以上の高温にならないように管理します。副梢で発生したときは、適宜、切除します。

未開花症

症状

開花時になっても花冠が外れずに正常に開花せず、変形果も発生します。

主穂先端の花蕾で発生が多く、満開期のジベレリン処理もできないため、結実不良や果実品質が低下します。変形果は先端がとがり、二重果になることもあります。

原因と対策

前年に発生した園地や樹で、翌年には発生しないことも多く、原因は未解明です。雄しべがつぶれて子房を包むように広がり、花冠が残ったままになります。開花前までの低温、排水不良、前年の過着果など複合的な要因が関係しているようです。未開花症が発生していない副穂や花穂上段の支梗を花穂整形（房づくり）をして利用し、通常どおりにジベレリン処理すれば一定水準の収穫果は確保できます。

生育ステージ別生理障害症状

実どまり期	満開後10～15日	満開後15～30日	硬核期
黄白色果粒	**ジベレリン(GA)処理後の果面障害(‘通称;ジベやけ)**	**未熟粒混入症(果房全体;通称‘石ぶどう’)**	**縮果症**

○実止まり期以降、果房内の一部の果粒で果皮のクロロフィルが抜け、黄白色になる症状。正常果粒と比較し、やや小粒での発生が多い。	○GA2回目処理を曇雨天日や夕方に行った場合、果粒下部に溶液が乾かないまま長時間付着することにより、リング状の褐変障害を生じる。 ○障害部分の果皮はコルク化し、柔軟性がなくなることから、肥大に伴いベレゾーン期以降に裂果することも多い。	○ジベレリン2回目処理期(満開後15日)以降、果粒の張りや光沢がなくなり、果粒肥大が一時的に停止する症状。 ○ベレゾーン期以降回復する場合が多く、果粒肥大、糖度上昇がみられ、糖度は18%以上に達するものの、果粒肥大は劣る。	○果粒の一部がシミ状に陥没し、症状が進行すると障害部分が褐変する。重度の場合、1日で果粒の一部もしくは全体が暗褐色になり、その後脱粒する。 ○硬核期初期は軽度なシミが多く、ベレゾーン直前は重度な縮果・褐変が多い。

(満開後70日以降)	果粒肥大期～収穫期	満開後100日以降
裂果	**葉やけ・日焼け**	**果穂軸の登熟**
 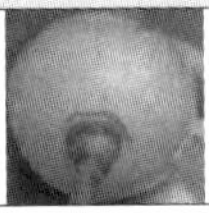	 	
○若齢樹を中心に、成熟期、果頂部の柱頭痕周辺を中心に三日月状に発生する。 ○糖度上昇の遅延などから、収穫が適期より遅れた場合、果梗つけ根付近の三日月状裂果も発生する。	○高温条件に長時間遭遇することで発生する、葉やけ症状で、重度の場合には落葉する。 ○果房が同様の条件に遭遇すると、肩部分を中心に果皮はもとより果肉にまで至る障害を受け、褐変し縮果様症状を呈する。とりわけ、園周囲や葉面積の少ない部分に着生した果房で多発する。	○満開後110日以降、糖度上昇遅延果房でみられる果軸の登熟。加温栽培での発生がもっぱらである。

未熟粒混入症

症状

2回目のジベレリン処理以降に果房全体の果粒肥大が止まり、果粒の張りや光沢がなくなるケース（肥大停滞粒）とベレゾーン以降に果粒単位で糖度上昇の遅れた未熟果粒（負け粒）が混在するケースがあります（軟化遅延粒）。

果房全体の場合、果粒肥大が3分の1程度にとどまって「石ブドウ」とも呼ばれます。成熟果房では、見た目では健全果粒と区別がつかず、低糖度の果粒が房に混ざることもあります（成熟期濃緑粒）。

原因と対策

図6−1　シャインマスカットの

生育ステージ	展葉～養分転換期	養分転換期～8枚展葉頃	8枚展葉期頃～開花期	開花期	
障害名	芽萎え	モザイク萎縮葉症	花蕾の黒変落下（黒変落蕾）	花振るい	未開花症
症状外観			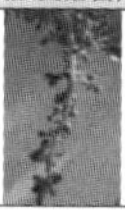	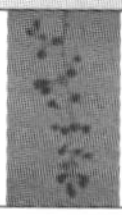	
症状内容	○展葉直後～6枚展葉期頃（養分転換期前）に、葉縁が褐変して新梢伸長が停止し、最終的に枯死する症状。	○葉が奇形となり、葉面積が小さくなる上、まだらに葉緑素の抜けたモザイク様症状を呈する。 ○加温栽培での発生が顕著で、養分転換期頃から発生がみられる。発生の早い新梢では、第4葉から発生する。	○加温、及び無加温栽培で花蕾が黒変、脱落する症状。生き残っても、果粒が扁平な小粒になり、商品価値がなくなる。 ○展葉8枚期頃から発生がみられ、特に花穂調整期～開花期に発生が増加する。	○開花期に花蕾が脱落する症状。症状が重度な場合、開花前の花蕾の時点でも発生する。	○開花時に、花蕾の花冠が花床に付着したまま離脱せず、表面が褐変する症状。 ○異常花穂では、花糸（雄しべ）が押しつぶされて子房を包むように広がり、花冠の離層形成がされていない。 ○果粒先端がとがったようないびつな奇形果になる場合が多い。

生育ステージ	ベレゾーン（水まわり）期直後			成熟期前半	成熟期後半
障害名	果梗黒変症	未熟粒混入症（果粒単位；通称'負け粒'）	褐斑葉	果皮褐変障害（レンズ現象）	カスリ症
症状外観	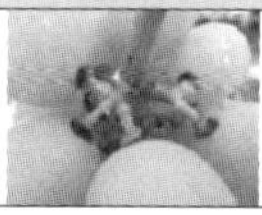		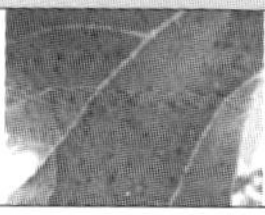		
症状内容	○ベレゾーン期以降、縮果症の発生するような条件（高温、土壌の過乾燥もしくは過湿）により発生する。 ○成熟期初期（ベレゾーン期以降半月程度）が最も発生の危険性が高い。	○ベレゾーン期以降、肥大や成熟の進行が遅れる果粒が部分的に発生する。 ○収穫期間近に発生すると、健全果との見分けがつきにくく、低糖度果粒の混入として問題になる。	○ベレゾーン期以降に基葉に発生する。特に加温栽培での発生が多い。 ○高温障害による可能性もある。	○ベレゾーン期以降に発生する、カスリ症に類似した褐変障害。 ○果房の片側、果粒下部といった規則性をもって発生する。	○成熟期の、おおむね糖度17度以上、酸度0.4g/100㎖以下になる満開後70日以降発生し始める症状。若齢樹での発生が多い。 ○加温栽培では、満開後80日以降発生し、糖度上昇が停滞し果実糖度18%に達するのを待つ間に、発生程度が重篤化する場合が多い。

注：①未開花症の写真は長野県果樹試験場（桐崎力）提供
　　②原図は島根県農業技術センター（持田圭介）

未熟粒混在の果房

果房全体の場合、前年の過着果、開花期前後の土壌水分の過多、夜間の高湿度で発生が助長されます。

発生しやすい樹は、過着果にならないよう収量や大房づくりを控えます。果粒単位の場合も、着果過多が明らかに発生を助長します。加温栽培では、日照不足で発生しやすくなります。

対策として適正着果を心がけるようにします。また、副梢をこまめに摘心します。熟期が遅れやすくなる窒素過多や2回目のジベレリン処理の遅れも避けます。

縮果症

症状

ベレゾーン前の果粒の一部が褐変し

て、くぼむ障害です。軽度なしみ状の場合は、部分的に退色し、わずかに陥没しますが、商品性はあります。

障害部分が大きく、陥没の程度が深いものは、商品性がなくなります。重症化すると脱粒します。

原因と対策

果粒肥大が旺盛なときに果粒に急激に水分が入り込み、一部の組織が崩壊するためと考えられています。極端な新梢管理で一挙に葉を減らしたり、突然の雨で土壌水分が急激に変化したりすると程度がひどくなります。窒素過多や剪定の程度に注意して、強樹勢にならないようにします。

縮果症

また、ベレゾーン前は、極端な新梢管理をしないようにします。直射日光が当たる果房には、日よけ用のカサかけをします。長期的には、排水対策と土壌物理性を改善し、保水性や水はけをよくします。

果梗黒変症

症状

ベレゾーン以降に果梗の基部が黒変、または枯死します。果梗の損傷がひどい場合、果粒への糖の転流が阻害されて、糖度の上昇が停止します。果梗の黒変がひどくない場合、糖度の低下も少なく、出荷できます。

損傷が激しい場合、養水分の供給ができなくなって、果粒がしぼんだり、脱粒したりします。

果梗黒変症

原因と対策

果梗の基部が黒変したり枯死する原因は不明です。通気の悪い園、ハウス栽培など棚面で熱気がこもりやすい樹で発生しやすい傾向があります。過繁茂にして通風が悪くなると発生が助長されます。

対策は、ベレゾーン以降は過繁茂にせず換気を徹底して、熱気がこもらないようにします。副梢の摘心の徹底も有効です。急激な土壌水分の変動を抑えるため、樹冠下を敷きわら等でマルチします。

病虫害防除にあたって

病虫害の発生と防除法

一般に欧州系品種は病害に弱いとされていますが、欧米雑種であるシャインマスカットは、べと病や晩腐病については巨峰と同程度に強いとされています。一方、黒とう病についてはかかりやすく注意が必要になります。

家庭で小規模に育てている場合、病気や害虫の被害を早期に発見し被害の出た枝や葉、果房などを除去する物理的防除法で被害の程度を軽くすることができます。

粗皮削り

一方、栽培規模の大きい経済栽培園では、長年栽培している間に病害虫の生息密度は高まっています。このため、薬剤による防除なくしては、品質の高い果房を毎年安定して生産することが非常に困難になります。

病害虫を防ぐためには、薬剤による化学的防除法のほかに、粗皮削りや花カス落としなどで病害虫の生息密度を少なくする耕種的防除法や、カサかけや袋かけにより病気の感染から守る物理的防除法など薬剤を使わない方法もあります。なるべく、このような防除に励み、できるかぎり病虫害の発生を少なくして、薬剤の散布は最小限にとどめたいものです。

ここでは、ブドウの主要病害の症状や防除法について解説します。農薬名については、農薬の変遷が早く、また、地域によっては薬剤耐性の問題もありますので、ここでは省略します。

耕種的防除法

粗皮削り

粗皮削りは幹の外側の古くなった樹皮をカンナなどで削り取る作業です。

粗皮の下には、ハダニ類やカイガラムシ類が越冬していますので、粗皮削りはこうした害虫の防除にとても有効です。剪定作業が終わった後に、丁寧にはぎ取るようにします。

巻きひげや果梗の切り取り

ブドウの新梢には巻きひげが発生しますが、巻きひげには晩腐病や黒とう病の菌が潜むことがあります。

木質化した巻きひげ

巻きひげは棚に絡みつくと木質化して切り取ることがたいへんになるので、生育期の管理作業のなかで、気がついたら切り落とすようにします。また、収穫した後の果梗の切り残しも病気の感染源になります。収穫時には果梗を切り残さないように根元から切るようにしますが、残っている場合は見つけしだい切り取るようにします。

落ち葉や剪定枝の処分

落ち葉にはべと病やさび病などの病原菌が付着していて、翌年の発生源になります。また、剪定して切り落とした枝の中にも様々な病気やブドウトラカミキリ、ブドウスカシバなどの樹幹害虫が寄生している可能性があります。このため、落ち葉や剪定枝は集めて焼却するか園地や庭先から持ち出して処分してください。

幹の周りは清潔に

幹の周りに雑草が生えていると、コウモリガやクビアカスカシバなどの害虫が潜みやすくなります。園の全面を除草する必要はありませんが、幹の周りは除草し清潔にしておきます。

物理的防除法

カサかけ・袋かけの項でも述べましたが、病気のほとんどは雨滴で感染しますので、できるだけ早くカサかけや袋かけを行って果房を雨から守るようにします。

地域によっては、カメムシ類やアケビコノハなどの蛾の仲間が果汁を吸いに集まってきます。1cm四方のメッシュで樹体を覆うとこれらの害虫の被害を防ぐことができます。

化学的防除法（薬剤散布）

前に述べたような耕種的防除や物理的防除に取り組んだとしても、化学的防除（薬剤散布）を行わなければならない状況もあります。

ブドウに農薬登録がある薬剤は数多くあり、防除対象となる病気や害虫によって散布する薬剤は異なります。公的指導機関や園芸店などに相談して、病害虫に応じた薬剤を選択します。散布時期や希釈濃度、散布量は薬剤の説明書に詳しく書いてあります。濃度や薬量を間違うと葉や果房に薬害を起こすおそれや、残留農薬のおそれがあるので、使用方法は必ず守るようにしてください。

主な病害の発生と防除法

病害の症状と生態・防除

べと病

病原菌 *Plasmopara viticola*（べん毛菌類）

症状

葉の病斑ははじめ輪郭がはっきりしない淡黄色の斑点です。その後、葉裏に白色のカビが生じます。うどんこ病に似ていますが菌糸が長いので区別できます。開花前に花穂が冒されると、全体に生気を失い、表面に白色のカビが生じます。その後は褐色に壊死します。

曇雨天が続く年に発生が多く、花穂や幼果に発病すると壊滅的な被害になります。

べと病の葉

べと病の果粒

生態と防除

生育期の防除開始時期が極めて重要です。具体的には展葉5〜6枚頃に予防散布を行います。以降は定期的（10日間隔を目安）に予防散布を行います。この初期の防除が遅れ、花穂や幼果に発病すると被害は甚大になります。特に欧州種は発病しやすいので注意が必要です。

病原菌は落ち葉の組織内で卵胞子の形で越冬します。卵胞子の寿命は長く土中でも2年間は生存可能とされています。このため、落ち葉や剪定枝は園外に持ち出して処分し、菌密度を下げることが重要です。

晩腐病

病原菌 *Glomerella cingulate*（子のう菌類）*Colletotrichum acutatum*（不完全菌類）

症状

晩腐《ばんぷ》病は病名が示すとおり、成熟期になってから果粒に発病します。

幼果に発病すると小さな黒点の病斑を生じますが、この病斑は果粒軟化（ベレゾーン）期までは拡大しません。果粒軟化期以降、果粒の糖が増加し酸が減少してくると腐敗型の病斑を形成するようになります。病斑上には鮭肉色のネバネバした胞子塊を生じます。病斑が拡大すると果皮にしわがより、やがてミイラ果となります。

晩腐病

生態と防除

病原菌は結果母枝や果梗の切り残し、巻きひげなどの組織内に菌糸の形態で越冬します。このため、伝染源となる果梗の切り残しや巻きひげはきれいに取り除きます。

春先に降雨で枝が濡れ、平均気温が15℃ぐらいになると胞子が形成され、雨滴で伝染します。休眠期防除や生育期の薬剤防除はもちろん重要ですが、果房に雨滴を当てないようにすることが最も重要な防除法です。カサかけや袋かけはなるべく早い時期から行います。摘粒が遅れるような場合には、ロウ引きカサをかけ、雨滴から果房を守ります。

黒とう病

病原菌　*Elsinoe ampelina*（子のう菌類）

症状

新梢や葉、巻きひげ、果粒など、特に軟弱な組織に発病します。

葉では褐色の小さな斑点が現れ、その後2～3㎜の円形の病斑に拡大します。幼果に発病すると、はじめは黒褐色の円形の斑点が現れます。のちに拡大して中央部は灰白色、周辺部が鮮紅色から紫黒色の2～5㎜の病斑となります。米国系の品種に比べ欧州系品種で発病しやすい傾向があります。

生態と防除

病原菌は結果母枝や巻きひげなどの病斑組織内に菌糸の形で越冬します。発芽期頃の降雨で病斑部が濡れると、その上に胞子が形成され、これが一次伝染源になり、雨滴によって新梢や若い葉などに感染し、この一次感染源に近い場所にある新梢や果房などで多発します。

防除にあたっては、剪定時に病斑のある結果母枝や巻きひげの剪除がポイントとなります。発生してからでは防除が困難となるので、伝染源の除去と発芽前の休眠期防除が重要です。

黒とう病の病斑

黒とう病の果房

うどんこ病

病原菌　*Uncinula necator*（子のう菌類）

症状

新梢や葉、幼果などに発病します。葉では、はじめ3～5㎜の円形で黄緑色の斑点を生じ、のちに表面に白色のカビを生じます。果房では、果粒や穂軸に灰白色のカビを生じます。黄緑色の品種ではカビの跡が褐色のカスリ状となるため外観を著しく損ねます。米国系品種に比べ、欧州系品種で発病が多い傾向にあります。

うどんこ病の果房

生態と防除

病原菌は主に芽の鱗片《りんぺん》内で菌糸の形で越冬していると考えられています。胞子は風で飛散しやすく、春先から初夏にかけて湿度が高く気温が高めで推移する年に発生が多い傾向にあります。薬剤による防除効果が高いので、

果粒に発生したうどんこ病

防除をきっちり行えば大きな被害を受けることは少ないと思います。

灰色かび病

病原菌 *Botrytis cinerea*（不完全菌類）

花穂に発病の灰色かび病

灰色かび病の症状

症状

花穂や葉、幼果、成熟果などに発病します。

花穂では穂軸や支梗などの一部が淡褐色になって腐敗し、湿度が高い場合には灰色のカビを生じます。幼果では花冠などの花カスが付着していると、これに菌が寄生して褐変、腐敗して、サビ果の原因になります。成熟果では裂果から発病することが多く、裂果した傷口に多量のカビが生じます。

生態と防除

病原菌は前年の被害残渣に菌糸や菌核の形で越冬し、春先に胞子を形成します。この胞子が風雨により飛散し、傷口や組織の軟らかい部分から侵入して発病します。風により、張り線などに接触して傷ついた花穂などに多く発生します。

このため、強風で花穂などが傷ついた場合には薬剤防除を徹底します。また、花カスは薬剤発生を助長するのできれいに落とすようにします。

なお、薬剤防除では、耐性菌対策として作用機作の異なる薬剤のローテーション散布を基本とします。

つる割病

病原菌 *Phomopsis viticola*（不完全菌類）

症状

新梢や古づる、葉、果房などに発病します。

新梢では基部に黒褐色の条斑が一面にでき、折れやすくなります。若葉ではじめに小さな斑点が現れ、やがてその部分を中心に淡黄色に透けて見えてきます。葉の初期症状は黒とう病に似ていますが、つる割病の病斑は小さく条線状に隆起して円形の斑点にならないので区別できます。

古づるでは縦に割れ目がいくつも入り、病状が進むと2〜3年後にその先から枯死します。

生態と防除

結果母枝（側枝）の古い病斑組織中に菌糸や柄《へい》子《し》殻《かく》（胞子の器）の形で越冬し、春先に胞子が出て風雨により飛散します。

防除では病気にかかった枝や枯れ枝を剪除することがポイントになります。発芽期になって枯死する結果母枝についても見つけしだい剪除するようにします。

つる割病の小さな斑点

新梢基部のつる割病

さび病

病原菌　*Physopella ampelopsidis*

（担子菌類）

症状

主に葉に発病します。葉裏に形成された胞子がオレンジ色の粉状になって現れます。

直接果房を加害することはありませんが、多発した場合は早期落葉を起こすので、品質低下を招きます。欧州系品種よりも米国系品種や巨峰群品種で発生しやすい傾向にあります。

さび病

生態と防除

病原菌は葉上に形成された冬胞子の形で越冬します。翌春、発芽して小生子（小型の胞子）を生じ、中間宿主（菌が寄生する生物）のアワブキなどに寄生し、そこでつくられた胞子が第一次伝染源となります。

防除ではアワブキなどの中間宿主をなくすことがいちばんですが、現実には難しいので生育期の薬剤散布で防除します。特にボルドー液は予防効果と残効性に優れており、生育期の後半に散布すると効果的に防除できます。

主な虫害の発生と防除法

虫害の症状と生態・防除

チャノキイロアザミウマ

Scirtothrips dorsalis Hood

症状

チャノキイロアザミウマ

被害は吸汁により、果粒や茎葉に現れます。若葉では葉脈にそって茶褐色となります。果房の被害は穂軸が褐変します。果粒では灰白色または褐色のカスリ状の傷跡を生じ、特にひどい場合はコルク化して果粒肥大が妨げられます。

チャノキイロアザミウマの被害果

生態と防除

鱗片の内側や樹皮の割れ目などに成虫の形で越冬します。越冬した成虫は新梢に産卵し、その幼虫が穂軸や果粒を加害します。加害は5月から収穫直前までと長いので定期的な防除が必要となります。

袋をかけて栽培する場合は、特に袋かけ前の防除をしっかりと行い、散布後はなるべく早く袋かけを行います。袋の中に虫が入らないように留め金でしっかりと締めてください。

クワコナカイガラムシ

Pseudococcuc comstocki (Kuwana)

症状

幼虫や成虫が果房や葉などに寄生して吸汁し、寄生した部位には排泄物によってすす病が発生します。特に果房に寄生した場合には内部が黒く汚損され、商品価値はなくなります。中齢幼虫、および成虫は白色のわらじ型で虫体の側面には周縁毛があります。分泌物によって、全体に白く粉をふったように見えます。

生態と防除

粗皮下で卵の形で越冬し、年に3回発生します。卵は卵のうと呼ばれる綿状の分泌物の中にあります。卵から孵化した幼虫は新梢に歩行で移動し、はじめは葉裏に寄生します。

発育が進むと新梢基部や果房へ移動し、集まって吸汁します。果房に寄生した幼虫は発育して果房内で産卵し、ここで孵化した幼虫の排泄物によって果房が汚染されます。防除は薬剤散布だけでなく、休眠期に粗皮削りを行い、越冬虫の密度を下げることが重要です。

クワコナカイガラムシ

クワコナカイガラムシの被害

ブドウトラカミキリ

Xylotrechus pyrrhoderus Bates

症状

越冬幼虫が枝の表皮下にある髄《ずい》を食害します。結果母枝に幼虫が入っている場合は、新梢の生育初期に加害部より先の新梢が急にしおれ、枯死します。2～3年枝では枯死はしないもののヤニをふいていることが多いです。

加害を受けた結果母枝は、休眠期に節の部分が黒くなります。ナイフで削ると食害部には虫糞が見られ、その先に幼虫がいます。

生態と防除

成虫の発生は8～9月に多く、節の近くに産卵します。孵化した幼虫は表皮下に入り、食害を始めます。越冬した幼虫は4月頃から活発に食害し、枝の中で蛹化・羽化して成虫になります。防除は成虫の発生期、または休眠期に薬剤散布をします。

ブドウカミキリの幼虫

ブドウカミキリの成虫

休眠期の防除では、薬剤に浸透性を高める展着剤を加えて古づるや結果母枝によくかかるように散布します。被害が発生した園では剪定枝を放置せずに適切に処理することも重要です。

クビアカスカシバ

Toleria romanovi (Leech)

症状

被害は主幹部や太枝の粗皮下で多く見られます。幼虫が木部を溝状に深く食害し、被害部にはヤニや虫糞が多く見られます。深い食害のため樹勢の低下が著しく、若木では枯死に至ることもあります。一度被害を受けた部位には翌年も成虫が飛来して産卵し、再び被害にあう場合が多いです。

クビアカスカシバ

生態と防除

成虫の外見は、スズメバチによく似ています。幼虫は若齢期には乳白色ですが成熟してくると桃紫色になり、体長は40㎜にも達します。終齢幼虫は秋に樹上から土中に移動しマユをつくり、その中で越冬します。

主幹部や太枝の粗皮削りを行うことで被害を減らすことができます。薬剤散布は、主幹部や太枝にも十分にかかるように丁寧に行ってください。

ハダニ類

（ナミハダニ *Tetranychus urticae* Koch カンザワハダニ *Tetranychus kanzawai* Kishida）

症状

被害は葉に発生します。吸汁された部位は茶～赤褐色になり、被害が進行すると葉脈間の一部または全体が茶褐色になります。被害が進んだ葉は緑色が淡くなり全体がくすんだように見えます。

ナミハダニの場合、増殖すると盛んに糸を出し、蜘蛛の巣状に網を張った被害が見られます。露地での発生は比較的少なく、施設栽培で多発する傾向があります。

生態と防除

成虫は樹上や下草などで越冬します。多くの場合、下草で増殖したものが歩行移動してブドウ樹に寄生します。

卵から成虫までの生育日数は、25℃で約10日と短期間であり、急激に増殖します。密度が高くなると防除が困難になるので、初期の防除が重要となります。

ハダニ

ハダニの被害

◆苗木入手・問い合わせ先

株式会社原田種苗　〒038-1343　青森市浪岡大字郷山前字村元42-1
　TEL 0172-62-3349　　FAX 0172-62-3127

株式会社天香園　〒999-3742　山形県東根市中島通り1-34
　TEL 0237-48-1231　FAX 0237-48-1170

株式会社イシドウ　〒994-0053　山形県天童市大字上荻野戸982-5
　TEL 023-653-2502　　FAX 023-653-2478

有限会社菊地園芸　〒999-2263　山形県南陽市萩生田955
　TEL 0238-43-5034　　FAX 0238-43-2590

株式会社福島天香園　〒960-2156　福島市荒井字上町裏２
　TEL 024-593-2231　　FAX 024-593-2234

茨城農園　〒315-0077　茨城県かすみがうら市高倉1702
　TEL 029-924-3939　　FAX 029-923-8395

株式会社改良園通信販売部　〒333-0832　埼玉県川口市神戸123
　TEL 048-296-1174　　FAX 048-295-8801

一般社団法人日本果樹種苗協会　〒104-0041　東京都中央区新富1-17-1 宮倉ビル4階
　TEL 03-3523-1126　　FAX 03-3523-1168

株式会社サカタのタネ直販部通信販売課　〒224-0041　神奈川県横浜市都筑区仲町台2-7-1
　TEL 0570-00-8716　　FAX 0120-39-8716

株式会社植原葡萄研究所　〒400-0506　山梨県甲府市善光寺1-12-2
　TEL 055-233-6009　　FAX 055-233-6011

志村葡萄研究所　〒406-0812　山梨県笛吹市御坂町下黒駒520-1
　TEL 090-2453-6459　　FAX 055-244-3064

有限会社前島園芸　〒406-0821　山梨県笛吹市八代町北1454
　TEL 055-265-2224　　FAX 055-265-4284

タキイ種苗通販係　〒600-8686　京都市下京区梅小路通猪熊東入
　TEL 075-365-0140　　FAX 075-344-6707

有限会社小町園　〒399-3802　長野県上伊那郡中川村片桐針ヶ平
　TEL 0265-88-2628　　FAX 0265-88-3728

株式会社吉岡国光園　〒839-1221　福岡県久留米市田主丸町上原332-3
　TEL 0943-72-1578　　FAX 0943-73-1624

小西農園　〒839-1232　福岡県久留米市田主丸町常盤678-3
　TEL 0943-76-9980　　FAX 0943-72-1350

＊このほかにも日本果樹種苗協会加入の苗木業者、およびホームセンター、JA（農協）、園芸店などを含め、全国各地に苗木の取り扱い先はあります。通信販売やインターネット販売でも入手可能です。

着果
（簡易被覆）

あとがき

おいしくて栽培しやすいシャインマスカットは、今後もわが国を代表するブドウ品種となっていくものと思いますが、生産量が増えたことにより、競争、差別化が生まれ、品質の優れたものがより評価される状況へと移っていくことが考えられます。

シャインマスカットを対象とした技術書として、本書の出版元の創森社から『シャインマスカットの栽培技術』が先に姉妹版として刊行されています。この技術書は主産地の研究者が、栽培管理や流通技術について詳細に解説したもので、技術者や研究者、経済栽培のベテラン生産者の皆様に向けた内容となっています。

一方、本書はシャインマスカットの栽培を始めた初級・中級者向けに企画されました。品種の特性を踏まえた整枝・剪定や果房管理、施肥、生理障害・病虫害対策などシャインマスカット生産のための栽培管理技術について、山梨県の取り組みを基本にしながらも、必要に応じて他の地域の知見、取り組みを加え、わかりやすい記述を心がけました。栽培者の皆様には、ぜひとも先の技術書と併せて本書を参考にして、より高品質のシャインマスカットを生産していただければ幸いに存じます。

共著者である農研機構の薬師寺博様、写真・資料などでご協力いただいた山梨県果樹試験場、山梨県果樹園芸会、さらに山形県農業総合研究センター、岡山県農林水産総合センター、島根県農業技術センターなどをはじめとする関係者の皆様、さらに企画、編集にご尽力された創森社の相場博也様をはじめとする編集関係の皆様には心からの謝意を表します。

山梨県果樹試験場　小林和司

●た行

台木品種：繁殖のため穂品種を接ぐ台となる品種。ブドウではフィロキセラ抵抗性の台木が利用される。

他発休眠：温度などの環境条件が整わず、発芽しない状態。自発休眠覚醒後、温度環境が好適になれば発芽する。

多量要素：植物の生育に必要な元素のうち、多量に必要とされる元素。窒素、リン酸、カリ、石灰、苦土など。

摘心：新梢の先端部を切除すること。新梢の伸長抑制や結実確保を目的に行われる。

摘粒：密着した果粒を除去し、裂果防止や房型を整えるための作業。

展葉：葉が開いた状態。展葉した葉の枚数が生育ステージの目安として利用される。

登熟：新梢が褐色になり木質化する現象。

徒長枝：非常に強勢な生長をする枝。

頂芽優勢：枝の先端にある芽が、その他の芽より生長が優先される現象のこと。

●な行

肉質：果肉の特性。ブドウでは塊状；果皮と果肉が分離して果肉が噛み切れない、崩壊性；果皮と果肉が分離しにくく、果肉が噛み切れるもの、中間；塊状と崩壊性の中間的性質の三つに分類される。

捻枝：新梢の基部をねじ曲げること。強勢な新梢を棚面に誘引するときに行う。

●は行

剝皮性：果皮が果肉から分離しやすい度合い。

花振るい：開花後、受粉や受精が不良のため落花（果）する生理現象。花流れとも呼ばれる。

微量要素：生育に必要な元素のなかで、必要量が微量である元素。ブドウではマンガン、ホウ素などが重要。

副芽：一つの芽から複数の新梢が発生した場合、最初に発生した中心の芽（主芽）の脇で、遅れて発生する芽のこと。

副梢：新梢の腋芽から発生して伸長する枝のこと。

花穂整形（房づくり）：花穂の支梗を除去して花穂の形を整えること。

物理的防除：ビニール被覆、カサかけ・袋かけ、防虫ネットなどの物理的方法により病害虫を防除すること。

不定芽（潜芽）：結果母枝の芽以外から発生する芽のこと。幹や旧年枝の節部から発生することが多い。

ベレゾーン（水まわり）：果粒肥大第Ⅱ期から第Ⅲ期の転換期。果肉が柔らかくなる（水がまわる）時期。

穂木：接ぎ木を行うさい、台木に接ぐ枝のこと。

●ま行

負け枝：先端の枝の勢力が、基部側の枝より弱くなった枝のこと。

芽キズ（傷）：発芽を促すために、芽の先に傷を入れる処理のこと。

芽座：主枝や側枝で結果枝（新梢）が連年発生する部位（節）。

基肥：年間の生育のために施用される肥料。主に収穫後の秋季に施用される。

●や行

誘引：新梢や結果母枝を棚面や支柱に固定すること。

有機質：植物体や堆肥、骨粉など動植物由来の資材。

●ら行

礼肥（れいごえ）：収穫後に貯蔵養分の蓄積を目的に施用される肥料。窒素主体の速効性肥料が使われる。

両性花：一つの花に雌しべと雄しべの両方を持つ花。両全花とも呼ぶ。

◆ブドウ栽培に使われる主な用語解説（五十音順）

●あ行

亜主枝：主枝から分岐する骨格枝。主枝と同様に半永久的に使用する。
栄養生長：葉、枝や根などの栄養器官の生長。
枝変わり品種：枝や茎で起こった突然変異によって生まれた品種。
追い出し枝：最終的に切り落とすが、すぐ切ると空間ができるため、数年間は利用する枝。

●か行

花芽分化：花芽を形成する過程。ブドウでは新梢の腋芽内に形成される。
花冠：キャップとも呼ばれる。花弁にあたる部分。ブドウでは裂開せずに離脱する。
花穂：ブドウの小花が集合したもの。結実後は果房になる。
果粉：果粒の表面に形成される白粉状のロウ物質。ブルームとも呼ぶ。
果房：穂軸に果実（果粒）が集まって構成された房。ブドウでは果実を指す名称。
犠牲芽剪定：枝の枯れ込みを防ぐため、組織の硬い芽の部位で剪定する方法。
拮抗作用：ある成分が多量に存在することで、他の成分の吸収が妨げられる現象。ブドウではカリ過剰による苦土欠乏が代表例。
旧年枝：２年生以上の枝（結果母枝は１年枝）。
休眠期：秋から春にかけて見かけ上、生長を停止している時期。
切り返し剪定：結果母枝や旧年枝を下位の枝（主幹に近い部位）まで切除する剪定方法。
切り詰め：枝を切り詰めること。
黒づる：古い旧年枝。剪定ではなるべく黒づるは残さないように心がける。
形成層：枝の組織で細胞分裂が盛んな部位。接ぎ木では穂木と台木の形成層を合わせることが重要。
結果枝（１年生枝）：花芽が着生して、開花・結実する枝。
結果母枝：前年の枝で、当年に結果枝が着く枝。発芽した後は２年生枝になる。
結実：果粒が落ちずに着生すること（実どまり）。
光合成：光エネルギーを利用し、水と二酸化炭素から炭水化物を合成する生化学反応。
耕種的防除：化学農薬を使わず栽培法の改善などで病害虫や雑草を防除すること。ブドウでは巻きひげの切除や粗皮削りなどがある。
小張り線：新梢や結果母枝を誘引するために杭通し線の間に張られた線。
混合花芽：芽の中に花芽と葉芽の原基が混在し、発芽すると花と葉の両方が出てくる芽。

●さ行

自発休眠：生育に良好な温度条件に遭遇しても発芽しない状態。自発休眠の覚醒には一定量の低温遭遇が必要。
主芽：最初に腋芽内に分化、最初に発芽する大きな芽。
主幹：地際から主枝を分岐するまでの幹となる部分。
樹冠：枝が棚面を覆っている範囲。
主枝：主幹から分枝させた基本の骨格となる枝。
受精：柱頭に付着した花粉が発芽し、その核が胚のう内の卵核と結合すること。
樹勢：樹の勢い。勢力（樹勢が強い、樹勢が弱い）。
ショットベリー（shot berry）：無核で正常な肥大をしない小さな果粒のこと。
新梢：その年に発芽・展葉し、伸長した枝。翌年の結果母枝になる枝。
生殖生長：植物が次世代を残すための花芽分化や開花、受精、結実、成熟して種子形成にかかわる生長過程。
側枝：主枝や亜主枝から発生している枝。結果部位を形成する枝。

成熟した果房（ハウス栽培）

売り場に陳列

●

デザイン――ビレッジ・ハウス　塩原陽子
撮影――三宅 岳　蜂谷秀人　ほか
イラストレーション――宍田利孝
取材・写真協力――農研機構果樹茶業研究部門　山梨県果樹試験場
島根県農業技術センター　岡山県農林水産総合センター
山形県農業総合研究センター　長野県果樹試験場
植原葡萄研究所（山梨県甲府市）　大阪府環境農林水産部
久保田園（山梨県甲州市）　菊地園芸（山形県南陽市）
山梨県果樹園芸会　野上ぶどう園（岡山市）　大森直樹
志村葡萄研究所（山梨県笛吹市）　JA ふえふき　ほか
校正――吉田 仁

著者プロフィール

●薬師寺 博（やくしじ ひろし）

農研機構知的財産部調査役、博士（農学）。

1962年、大分県生まれ。九州大学農学部農学科卒業。1985年から農林水産省果樹試験場安芸津支場に勤務。主にブドウの省力栽培技術（花穂整形器、花冠取り器などを考案）、カキの省力栽培技術、ウンシュウミカンの高品質栽培技術、イチジクの土壌病害抵抗性台木の育成などに従事。研究活動として、園芸学研究で論文賞を二報受賞。農研機構果樹研究所研究領域長補佐を経て、現職。

著書に『ブドウ大事典』（分担執筆、農文協）、『最新農業技術』Vol.15（分担執筆、農文協）、『果樹園芸学』（分担執筆、文永堂出版）、『図解 よくわかるカキ栽培』（監修、創森社）など。

●小林和司（こばやし かずし）

山梨県果樹試験場指導主幹、技術士（農業部門）。

1963年、山梨県生まれ。島根大学農学部卒業。山梨県病害虫防除所、山梨県果樹試験場育種部長、場長などを経て現職。ブドウの省力栽培技術の開発、新品種の育成などに携わる。また、兼務で山梨県立農業大学校講師、山梨大学大学院非常勤講師（基礎ブドウ栽培学特論）などを歴任する。

著書に『育てて楽しむブドウ～栽培・利用加工～』、『図解 よくわかるブドウ栽培』（ともに創森社）、『基礎からわかるおいしいブドウ栽培』（農文協）など。

シャインマスカット 栽培《さいばい》の手引《てび》き～特性《とくせい》・管理《かんり》・作業《さぎょう》～

2025年 2月17日　第1刷発行

著　　者――薬師寺《やくしじ》 博《ひろし》　小林和司《こばやしかずし》

発 行 者――相場博也

発 行 所――株式会社 創森社

〒162-0805　東京都新宿区矢来町96-4

TEL 03-5228-2270　FAX 03-5228-2410

https://www.soshinsha-pub.com

振替00160-7-770406

組　　版――有限会社 天龍社

印刷製本――中央精版印刷株式会社

 ISBN978-4-88340-372-1 C0061

〝食・農・環境・社会一般〟の本

https://www.soshinsha-pub.com

創森社　〒162-0805 東京都新宿区矢来町96-4
TEL 03-5228-2270　FAX 03-5228-2410
＊表示の本体価格に消費税が加わります

- **ミミズと土と有機農業**　中村好男 著　Ａ５判１２８頁１６００円
- **薪割り礼讃**　深澤 光 著　Ａ５判２１６頁２３８１円
- **すぐにできるオイル缶炭やき術**　溝口秀士 著　Ａ５判１１２頁１２３８円
- **病と闘う食事**　境野米子 著　Ａ５判２２４頁１７１４円
- **焚き火大全**　吉長成恭・関根秀樹・中川重年 編　Ａ５判３５６頁２８００円
- **玄米食 完全マニュアル**　境野米子 著　Ａ５判９６頁１３３３円
- **手づくり石窯ＢＯＯＫ**　中川重年 編　Ａ５判１５２頁１５００円
- **豆屋さんの豆料理**　長谷部美野子 著　Ａ５判１１２頁１３００円
- **すぐにできるドラム缶炭やき術**　杉浦銀治・広若剛士 監修　Ａ５判１３２頁１３００円
- **竹炭・竹酢液 つくり方生かし方**　杉浦銀治ほか監修　Ａ５判２４４頁１８００円
- **竹垣デザイン実例集**　古河 功 著　Ａ４変型判１６０頁３８００円
- **毎日おいしい 無発酵の雑穀パン**　木幡 恵 著　Ａ５判１１２頁１４００円
- **竹・笹のある庭**～観賞と植栽～　柴田昌三 著　Ａ４変型判１６０頁３８００円
- **自然栽培ひとすじに**　木村秋則 著　Ａ５判１６４頁１６００円
- 育てて楽しむ **ブルーベリー12か月**　玉田孝人・福田 俊 著　Ａ５判９６頁１３００円
- **炭・木竹酢液の用語事典**　谷田貝光克 監修 木質炭化学会 編　Ａ５判３８４頁４０００円
- **園芸福祉入門**　日本園芸福祉普及協会 編　Ａ５判２２８頁１５２４円
- **割り箸が地域と地球を救う**　佐藤敬一・鹿住貴之 著　Ａ５判９６頁１０００円
- 育てて楽しむ **雑穀** 栽培・加工・利用　郷田和夫 著　Ａ５判１２０頁１４００円
- 育てて楽しむ **ユズ・柑橘** 栽培・利用加工　音井 格 著　Ａ５判９６頁１４００円
- **石窯づくり 早わかり**　須藤 章 著　Ａ５判１０８頁１４００円
- **ブドウの根域制限栽培**　今井俊治 著　Ｂ５判８０頁２４００円
- **農に人あり志あり**　岸 康彦 編　Ａ５判３４４頁２２００円
- **現代に生かす竹資源**　内村悦三 監修　Ａ５判２２０頁２０００円
- **はじめよう！自然農業**　趙漢珪 監修 姫野祐子 編　Ａ５判２６８頁１８００円
- **農の技術を拓く**　西尾敏彦 著　四六判２８８頁１６００円
- **東京シルエット**　成田一徹 著　四六判２６４頁１６００円
- **生きもの豊かな自然耕**　岩澤信夫 著　四六判２１２頁１５００円
- **自然農の野菜づくり**　川口由一 監修 高橋浩昭 著　Ａ５判２３６頁１９０５円
- **菜の花エコ事典**～ナタネの育て方・生かし方～　藤井絢子 編著　Ａ５判１９６頁１６００円
- **パーマカルチャー**～自給自立の農的暮らしに～　パーマカルチャー・センター・ジャパン 編　Ｂ５変型判２８０頁２６００円
- **巣箱づくりから自然保護へ**　飯田知彦 著　Ａ５判２７６頁１８００円
- **病と闘うジュース**　境野米子 著　Ａ５判８８頁１２００円
- **農家レストランの繁盛指南**　高桑 隆 著　Ａ５判２００頁１８００円
- **ミミズのはたらき**　中村好男 編著　Ａ５判１４４頁１６００円
- **野菜の種はこうして採ろう**　船越建明 著　Ａ５判１９６頁１５００円
- **いのちの種を未来に**　野口 勲 著　Ａ５判１８８頁１５００円
- **里山創生**～神奈川・横浜の挑戦～　佐土原 聡 他編　Ａ５判２６０頁１９０５円
- **移動できて使いやすい 薪窯づくり指南**　深澤 光 編著　Ａ５判１４８頁１５００円
- **固定種野菜の種と育て方**　野口 勲・関野幸生 著　Ａ５判２２０頁１８００円
- **原発廃止で世代責任を果たす**　篠原 孝 著　四六判３２０頁１６００円
- **市民皆農**～食と農のこれまで・これから～　山下惣一・中島 正 著　四六判２８０頁１６００円

〝食・農・環境・社会一般〟の本

創森社　〒162-0805 東京都新宿区矢来町96-4
TEL 03-5228-2270　FAX 03-5228-2410
https://www.soshinsha-pub.com
＊表示の本体価格に消費税が加わります

エコロジー炭暮らし術　炭文化研究所 編　A5判144頁1600円

図解 巣箱のつくり方かけ方　飯田知彦 著　A5判112頁1400円

分かち合う農業CSA　波夛野 豪・唐崎卓也 編著　A5判280頁　2200円

虫への祈り—虫塚・社寺巡礼　柏田雄三 著　四六判308頁2000円

新しい小農〜その歩み・営み・強み〜　小農学会 編著　A5判188頁2000円

無塩の養生食　境野米子 著　A5判120頁1300円

図解 よくわかるナシ栽培　川瀬信三 著　A5判184頁2000円

鉢で育てるブルーベリー　玉田孝人 著　A5判114頁1300円

日本ワインの夜明け〜葡萄酒造りを拓く〜　仲田道弘 著　A5判232頁2200円

自然農を生きる　沖津一陽 著　A5判248頁2000円

シャインマスカットの栽培技術　山田昌彦 編　A5判226頁2500円

農の同時代史　岸 康彦 著　四六判256頁2000円

ブドウ樹の生理と剪定方法　シカバック 著　B5判112頁2600円

食料・農業の深層と針路　鈴木宣弘 著　A5判184頁1800円

医・食・農は微生物が支える　幕内秀夫・姫野祐子 著　A5判164頁1600円

農の明日へ　山下惣一 著　四六判266頁1600円

ブドウの鉢植え栽培　大森直樹 編　A5判100頁1400円

食と農のつれづれ草　岸 康彦 著　四六判284頁1800円

半農半X〜これまで・これから〜　塩見直紀 ほか 編　A5判288頁2200円

醸造用ブドウ栽培の手引き　日本ブドウ・ワイン学会 監修　A5判206頁2400円

摘んで野草料理　金田初代 著　A5判132頁1300円

図解 よくわかるモモ栽培　富田 晃 著　A5判160頁2000円

自然栽培の手引き　のと里山農業塾 監修　A5判262頁2200円

亜硫酸を使わないすばらしいワイン造り　アルノ・イメレ 著　B5判234頁3800円

ユニバーサル農業〜京丸園の農業／福祉／経営〜　鈴木厚志 著　A5判160頁2000円

不耕起でよみがえる　岩澤信夫 著　A5判276頁2500円

ブルーベリー栽培の手引き　福田 俊 著　A5判148頁2000円

有機農業〜これまで・これから〜　小口広太 著　A5判210頁2000円

農的循環社会への道　篠原 孝 著　四六判328頁2200円

持続する日本型農業　篠原 孝 著　四六判292頁2000円

生産消費者が農をひらく　蔦谷栄一 著　A5判242頁2000円

有機農業ひとすじに　金子美登・金子友子 著　A5判360頁2400円

至福の焚き火料理　大森 博 著　A5判144頁1500円

図解 よくわかるカキ栽培　薬師寺 博 監修　A5判168頁2200円

あっぱれ炭火料理　炭文化研究所 編　A5判144頁1500円

ノウフク大全　高草雄士 著　A5判188頁2200円

シャインマスカット栽培の手引き　薬師寺 博・小林和司 著　A5判148頁2300円